工程施工与质量简明手册丛书

建筑加固

王云江　沈光荣 ◎ 主编

U0279460

中国建材工业出版社

图书在版编目（CIP）数据

建筑加固/王云江，沈光荣主编．—北京：中国
建材工业出版社，2017.6
（工程施工与质量简明手册丛书/王云江主编）
ISBN 978-7-5160-1902-3

Ⅰ．①建… Ⅱ．①王… ②沈… Ⅲ．①建筑结构-加
固-工程施工-技术手册 Ⅳ．①TU746.3-62

中国版本图书馆 CIP 数据核字（2017）第 149081 号

建筑加固

王云江 沈光荣 主编

出版发行：	中国建材工业出版社	
地 址：	北京市海淀区三里河路 1 号	
邮 编：	100044	
经 销：	全国各地新华书店	
印 刷：	北京雁林吉兆印刷有限公司	
开 本：	787mm×1092mm 1/32	
印 张：	3.75	
字 数：	82 千字	
版 次：	2017 年 6 月第 1 版	
印 次：	2019 年 5 月第 2 次	
定 价：	**32.00 元**	

本社网址：**www.jccbs.com** 微信公众号：**zgjcgycbs**
本书如出现印装质量问题，由我社市场营销部负责调换。

联系电话：（010）88386906

内 容 简 介

本书是依据现行国家和行业的施工与质量验收标准、规范，并结合建筑加固施工实践编写而成的，基本覆盖了建筑加固施工的主要应用领域。本书旨在为广大建筑加固设计、施工人员提供一本简明实用、随时参考的小型工具书，便于他们在施工现场快速解决实际问题，保证施工质量。本书共 5 章，包括：混凝土结构加固施工；砌体结构加固施工；钢结构加固施工；混凝土、砌体、钢结构裂缝修补；结构建筑物抗震加固施工。

本书可供建筑加固工程设计与施工人员使用，也可供各类院校相关专业师生学习参考。

前　　言

为及时有效地解决建筑施工现场的实际技术问题，我社策划出版"工程施工与质量简明手册丛书"。本丛书为系列口袋书，内容简明、实用，"身形"小巧，便于携带，随时查阅，使用方便。

本系列丛书各分册分别为《建筑工程》《安装工程》《装饰工程》《市政工程》《园林工程》《公路工程》《基坑工程》《楼宇智能》《城市轨道交通（地铁)》《建筑加固》《绿色建筑》《给水工程》。

本丛书中的《建筑加固》是依据现行国家和行业施工与质量验收标准规范，并结合建筑加固施工实践编写而成的，基本覆盖了建筑加固施工的主要应用领域，旨在为广大建筑加固设计、施工人员提供一本简明实用、随时参考的小型工具书，便于他们在施工现场快速解决实际问题，保证施工质量。本书共5章，包括：混凝土结构加固施工；砌体结构加固施工；钢结构加固施工；混凝土、砌体、钢结构裂缝修补；结构建筑物抗震加固施工。

对于本书中的疏漏和不当之处，敬请广大读者不吝指正。

本书由王云江、沈光荣任主编。

本书在编写过程中得到了杭州卓强建筑加固工程有限公司、杭州众晟建筑加固工程有限公司、圣都家居装饰有限公司的大力支持，在此表示衷心的感谢！

编　者

2017.04.11

目　录

1 混凝土结构加固施工

1.1 混凝土构件增大截面施工

1.1.1 施工工艺流程

混凝土构件增大截面施工工艺流程如图 1-1 所示。

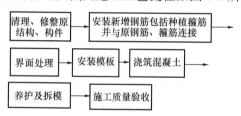

图 1-1 混凝土构件增大
截面施工工艺流程

1.1.2 施工方法

1. 界面处理

1）原构件混凝土界面（粘合面）经修整露出骨料新面后，还应采用花锤、砂轮机或高压水射流打毛，除去浮渣；有条件时在混凝土表面刷一层界面剂；必要时，也可凿成沟槽。其方法如下：

（1）花锤打毛：宜用 1.5～2.5kg 的尖头錾石花锤，在混凝土粘合面上錾出麻点，形成点深约 3mm、点数为 600～800 点／m^2 的均匀分布；也可錾成点深 4～5mm、间距约 30mm 的梅花形分布。

（2）砂轮机或高压水射流打毛：宜采用输出功率不小于 300W 的粗砂轮机或压力，符合规范要求的水射流，在混凝土粘合面上打出方向垂直于构件轴线、纹深为 3～4mm、间距约 50mm 的横向纹路。

（3）人工凿沟槽：宜用尖锐、锋利凿子，在坚实混凝土粘合面上凿出方向垂直于构件轴线、槽深约 6mm、间距为 100～150mm 的横向沟槽。

2）当采用三面或四面新浇混凝土层外包梁、柱时，还应在打毛同时，凿除截面的棱角。

3）在完成上述加工后，应用钢丝刷等工具清除原构件混凝土表面松动的骨料、砂砾、浮渣和粉尘，并用清洁的压力水冲洗干净；若采用喷射混凝土加固，宜用压缩空气和水交替冲洗干净。

4）涂刷结构界面胶（剂）前，应对原构件表面界面处理质量进行复查，剔除松动石子、浮砂以及漏补的裂缝和清除污垢等。

2. 锚固销钉

对板类原构件，除涂刷界面胶（剂）外，还应锚入直径不小于 6mm 的 Γ 形剪切销钉；销钉的锚固深度应取板厚的 2/3，其间距应不大于 300mm，边距应不小于 70mm。

3. 浇筑混凝土与养护

1）新增混凝土的强度等级必须符合设计要求。一般采用强度等级 C35 的碎石混凝土。取样与留置试块应符合下列规定：

（1）每拌制 50 盘（不足 50 盘，按 50 盘计）同一配合比的混凝土，取样不得少于一次。

（2）每次取样应至少留置一组标准养护试块；同条件养

护试验的留置组数应根据混凝土工程量及其重要性确定，且不应少于一组。

2）混凝土浇筑施工应自下而上进行，封顶混凝土浇筑应通过在上层混凝土楼面开洞解决。开洞时，避免切断楼面内钢筋，若必须切断时，在柱混凝土浇完之后，应恢复原钢筋焊接且焊接搭接长度应满足规范要求。

3）混凝土浇筑完毕后，应按施工技术方案及时采取养护措施，并应符合下列规定：

（1）在浇筑完毕后应及时对混凝土加以覆盖并在 12h 以内开始浇水养护。

（2）混凝土浇水养护的时间：对采用硅酸盐水泥、普通硅酸盐水泥或矿渣硅酸盐水泥拌制的混凝土，不得少于 7d；对掺用缓凝剂或有抗渗要求的混凝土，不得少于 14d。

（3）浇水次数应能保持混凝土处于湿润状态；混凝土养护用水的水质应与拌制用水相同。

（4）采用塑料布覆盖养护的混凝土，其敞露的全部表面应覆盖严密，并应保持塑料布内表面有凝结水。

（5）混凝土强度达到 1.2MPa 前，不得在其上踩踏或安装模板及支架。应注意以下几点：

① 当日平均气温低于 5℃时，不得浇水。

② 当采用其他品种水泥时，混凝土的养护时间应根据所采用水泥或混合料的技术性能确定。

③ 混凝土的表面不便浇水或使用塑料布覆盖时，应涂刷养护剂。

1.1.3 施工质量检验

1）新增混凝土的浇筑质量缺陷，应按表 1-1 进行检查和评定。

表 1-1　新增混凝土浇筑质量缺陷

名称	现象	严重缺陷	一般缺陷
露筋	构件内钢筋未被混凝土包裹而外露	发生在纵向受力钢筋中	发生在其他钢筋中，且外露不多
蜂窝	混凝土表面缺少水泥砂浆致使石子外露	出现在构件主要受力部位	出现在其他部位，且范围小
孔洞	混凝土的孔洞深度和长度均超过保护层厚度	发生在构件主要受力部位	发生在其他部位，且为小孔洞
夹杂异物	混凝土中夹有异物且深度超过保护层厚度	出现在构件主要受力部位	出现在其他部位
内部疏松或分离	混凝土局部不密实或新旧混凝土之间分离	发生在构件主要受力部位	发生在其他部位，且范围小
现浇混凝土出现裂缝	缝隙从新增混凝土表面延伸至其内部	构件主要受力部位有影响结构性能或使用功能的裂缝	其他部位有少量不影响结构性能或使用功能的裂缝
连接部位缺陷	构件连接处混凝土有缺陷，连接钢筋、连接件、后锚固件有松动	连接部位有松动，或有影响结构传力性能的缺陷	连接部位有尚不影响结构传力性能的缺陷
表面缺陷	因材料或施工原因引起的构件表面起砂、掉皮	用刮板检查，其深度大于 5mm	仅有深度不大于 5mm 的局部凹陷

注：1. 当检查混凝土浇筑质量时，若发现有麻面、缺棱、掉角、棱角不直、翘曲不平等外形缺陷，应责令施工单位进行修补后，重新检查验收。

　　2. 灌浆料与细石混凝土拌制的混合料，其浇灌质量缺陷也应按本表检查和评定。

2）新增混凝土的浇筑质量不应有严重缺陷及影响结构性能和使用功能的尺寸偏差。

3）新旧混凝土结合面粘结质量应良好。锤击或超声波检测读数为结合不良的测点数，不应超过总测点数的 10%，且不应集中出现在主要受力部位。

4）对结构加固截面纵向钢筋保护层厚度的允许偏差，应该按下列规定执行：

（1）对梁类构件，为 $^{+10}_{-3}$ mm。

（2）对板类构件，仅允许有 8mm 的正偏差，无负偏差。

（3）对墙、柱类构件，底层仅允许有 +10mm 的偏差，无负偏差；其他楼层按梁类构件的要求执行。

1.2 局部置换混凝土施工

1.2.1 施工工艺流程

局部置换混凝土施工工艺流程如图 1-2 所示。

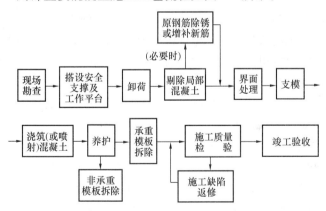

图 1-2 局部置换混凝土施工工艺流程

1.2.2 施工方法

1. 准备工作

为保证结构加固的安全性和耐久性，浇筑混凝土前，除应对模板及其支撑进行验收外，还应对下列项目进行隐蔽工程验收：

（1）补配钢筋或箍筋的品种、级别、规格、数量、位置等。

（2）补配钢筋和原钢筋的连接方式及质量。

（3）界面处理及结构界面胶（剂）涂刷的质量。

2. 卸载的实时控制

（1）卸载时的力值测量可用千斤顶配置的压力表经校正后进行测读，卸载点的结构节点位移宜用百分表测读。卸载所用的压力表、百分表的精度不应低于 1.5 级，标定日期不应超过半年。

（2）卸载时，应有全程监控设施和安全支护设施，保证被卸载结构及其相关结构的安全。

（3）当需将千斤顶压力表的力值转移到支承结构上时，可采用螺旋式杆件和钢楔等进行传递，但应在千斤顶的力值降为零时方可卸下千斤顶。力值过渡时，应用百分表进行卸载点的位移控制。

卸载的支撑结构应满足承载力及变形要求。其所承受的荷载应传递到基础上。

3. 混凝土局部剔除及界面处理

（1）剔除被置换的混凝土时，应在到达缺陷边缘后，再向边缘外延伸清除一段不小于 50mm 的长度；对缺陷范围较小的构件，应从缺陷中心向四周扩展，逐步进行清除，长度和宽度均不应小于 200mm。置换混凝土的顶面，其外口应略高于内口，倾角不大于 10°。剔除过程中不得损伤或截断原纵向受力钢筋。如果要局部截断箍筋，应在缺陷清理完毕后立即补焊箍筋。

（2）新旧混凝土粘合面的界面处理应符合设计规定及规范要求，但不凿成沟槽。若用高压水射流打毛，宜按规定打磨成垂直于轴线方向的均匀纹路。

（3）当对原构件混凝土粘合面涂刷结构界面胶（剂）时，其涂刷质量应均匀，无漏刷。

4. 置换混凝土施工

（1）置换混凝土需补配钢筋或箍筋时，安装位置及与原钢筋焊接方法，应符合设计规定；其焊接质量应符合现行行业标准 JGJ 18—2012《钢筋焊接及验收规程》的要求；若发现焊接伤及原钢筋，应及时进行处理；处理后应重新检查、验收。

（2）采用普通混凝土置换时，施工过程的质量控制，应符合规范规定。

（3）采用喷射混凝土置换时，施工过程的质量控制，应符合有关喷射混凝土加固技术的规定，在混凝土置换范围较小时，应在模板外侧进行辅助振动，以保证混凝土的密实。

（4）置换混凝土的模板及拆除支架时，其混凝土强度应达到设计规定的强度等级。

（5）浇筑混凝土完毕后，应及时按规定进行养护。

1.2.3 施工质量检验

（1）新置换混凝土的浇筑质量不应有严重缺陷及影响结构性能或使用功能的尺寸偏差。

对已经出现的严重缺陷和影响结构性能或使用功能的尺寸偏差，应由施工单位提出技术处理方案，经设计和监理单位认可后进行处理。处理后应重新检查验收，采用观察、超声法全数检测。

（2）钢筋保护层厚度的抽样检验结果应合格。

（3）新置换混凝土的浇筑质量不宜有一般缺陷。

（4）新置换混凝土拆模后的尺寸偏差应符合现行国家标准 GB 50204—2015《混凝土结构工程施工质量验收规范》的规定。

1.3 混凝土构件绕丝施工

1.3.1 施工工艺流程

混凝土构件绕丝施工工艺流程如图 1-3 所示。

图 1-3 混凝土构件绕丝施工工艺流程

1.3.2 施工方法

1. 界面处理

（1）原结构构件经清理后，凿除绕丝、焊接部位的混凝土保护层。凿除后，应清除已松动的骨料和粉尘，并錾去其尖锐、凸出部位，但应保持其粗糙状态。凿除保护层露出的钢筋程度以能进行焊接作业为度；对方形截面构件，尚应凿除其四周棱角并进行圆化加工；圆化半径不宜小于 40mm，且不应小于 25mm。然后将绕丝部位的混凝土表面用清洁压力水冲洗干净。

（2）原构件表面凿毛后，应按设计的规定涂刷结构界面胶（剂）。

（3）涂刷结构界面胶（剂）前，应对原构件表面处理质量进行复查，不得有松动的骨料、浮灰、粉尘和未清除干净的污染物。

2. 绕丝施工

（1）绕丝前，应采用间歇点焊法将钢丝及构造钢筋的端部焊牢在原构件纵向钢筋上。若混凝土保护层较厚，焊接构造钢筋时，可在原纵向钢筋上加焊短钢筋作为过渡。

（2）绕丝应连续，间距应均匀；在施力绷紧的同时，尚应每隔一定距离以点焊加以固定；绕丝的末端也应与原钢筋焊牢。绕丝焊接固定完成后，尚应在钢丝与原构件表面之间有未绷紧部位打入钢丝予以楔紧。

（3）混凝土面层的施工，当采用人工浇筑时，施工过程控制应符合现行国家标准 GB 50204—2015《混凝土结构工程施工质量验收规范》的规定；当采用喷射法时，其施工过程控制应符合 CECS 161—2004《喷射混凝土加固技术规程》的规定。

（4）绕丝的净间距应符合设计规定，且仅允许有 3mm 负偏差。

（5）混凝土面层模板的架设，当采用人工浇筑时，施工过程控制应符合现行国家标准 GB 50204—2015《混凝土结构工程施工质量验收规范》的规定。当采用喷射法时，施工过程控制应符合 CECS 161—2004《喷射混凝土加固技术规程》的规定。

（6）浇筑混凝土面层完毕后，应及时进行养护。

1.3.3 施工质量检验

1）混凝土面层的施工质量不应有严重缺陷及影响结构性能或使用功能的尺寸偏差。

2）钢丝的保护层厚度不应小于 30mm，且仅允许有 ＋3mm 偏差。

3）混凝土面层拆模后的尺寸偏差应符合下列规定：

（1）面层厚度仅允许有 ＋5mm 偏差，无负偏差。

（2）表面平整度不应大于 0.5％，且不应大于设计规定值。

1.4 混凝土构件外加预应力施工

1.4.1 施工工艺流程

混凝土构件外加预应力施工工艺流程如图1-4所示。

清理原结构 → 划线标定预应力拉杆（或撑杆）的位置 → 预应力拉杆

→ （或撑杆）制作及锚夹具试装配 → 剔凿锚固件安装部位的混凝土，并做好界面处理

→ 安装并固定预应力拉杆（或撑杆）及其锚固装置、支承垫板、撑棒、拉紧螺栓等零部件

→ 安装张拉装置（必要时） → 按施工技术方案进行张拉并固定 → 施工质量检验

→ 防护面层施工

图1-4 混凝土构件外加预应力施工工艺流程

1.4.2 施工方法

1. 准备工作

1）当采用千斤顶张拉时，应定期标定其张拉机具及仪表，标定的有效期限不得超过半年。当千斤顶在使用过程中出现异常现象或经过检修，应重新标定。

2）在浇筑防护面层的水泥砂浆或细石混凝土前，应进行预应力隐蔽工程验收。其内容包括：

（1）预应力拉杆（或撑杆）的品种、规格、数量、位置等。

（2）预应力拉杆（或撑杆）的锚固件、撑棒、转向棒等的品种、规格、数量、位置等。

（3）当采用千斤顶张拉时，应验收锚具、夹具等的品种、规格、数量、位置等。

（4）锚固区局部加强构造及焊接或胶粘的质量。

2. 制作与安装

1）预应力拉杆（或撑杆）制作和安装时，必须复查其品种、级别、规格、数量和安装位置。复查结果必须符合设计要求。

2）预应力杆件锚固区的钢托套、传力预埋件、挡板、撑棒以及其他锚具、紧固件等的制作和安装质量必须符合设计要求。

3）施工过程中应避免电火花损伤预应力杆件或预应力筋；受损伤的预应力杆件或预应力筋应予以更换。

4）预应力拉杆下料应符合下列要求：

（1）应采用砂轮锯或切断机下料，不得采用电弧切割。

（2）当预应力拉杆采用钢丝束，且以镦头锚具锚固时，同束（或同组）钢丝长度的极差不得大于钢丝长度的 1/5000，且不得大于 3mm。

（3）钢丝镦头的强度不得低于钢丝强度标准值的 98%。

5）钢绞线压花锚成型时，其表面应洁净、无油污；梨形头尺寸及直线段长度尺寸应符合设计要求。

6）锚固区传力预埋件、挡板、承压板等安装，其位置和方向应符合设计要求，安装位置偏差不得大于 5mm。在重要结构加固工程中，需加严；允许偏差，可对承压板和挡板等传力装置水平高差的偏差取水平高差的允许值为 2mm。

3. 张拉施工

1）若构件锚固区填充了混凝土，其同条件养护的立方体试件抗压强度，在张拉时，不应低于设计规定的强度等级的 80%。

2）采用机张法张拉预应力拉杆时，应注意以下几点：

（1）应保证张拉施力同步，应力均匀一致。

（2）应实时控制张拉量。

（3）应防止被张拉构件侧向失稳或发生扭转。

3）当采用横向张拉法张拉预应力拉杆时，应遵守下列规定：

（1）拉杆应在施工现场调直，然后与钢托套、锚具等部件进行装配。拉杆调直和装配的质量应符合设计要求。

（2）预应力拉杆的锚具部位的细石混凝土填灌、钢托套与原构件间隙的填塞、拉杆端部与预埋件或钢托套连接的焊缝等的施工质量应检查合格。

（3）横向张拉量的控制，可先适当拉紧螺栓，再逐渐放松至拉杆仍基本平直，尚未松弛弯垂时应停止放松。记录此时的读数，作为控制横向张拉量 ΔH 的起点。

（4）横向张拉分为一点张拉和两点张拉。两点张拉时，应在拉杆中部焊一撑棒，使该处拉杆间距保持不变（图 1-5），

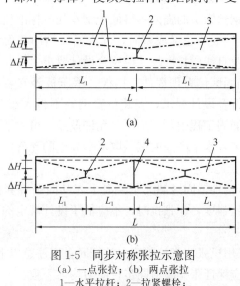

图 1-5　同步对称张拉示意图
（a）一点张拉；（b）两点张拉
1—水平拉杆；2—拉紧螺栓；
3—被加固构件；4—撑棒

12

并使用两个拉紧螺栓，以同规格的扳手同步拧紧。

（5）当横向张拉量达到要求后，宜用点焊将拉紧螺栓的螺母固定住，并切除螺杆伸出螺母以外的部分。

4）当采用横向张拉法张拉预应力撑杆时，应符合下列规定：

（1）宜在施工现场附近，先用缀板焊连两个角钢，形成组合杆肢，然后在组合杆肢中点处，将角钢的侧立肢切割出三角形缺口，弯折成所设计的形状，再将补强钢板弯好，焊在角钢的弯折肢面上（图 1-6）。

（2）撑杆肢端部由抵承板（传力顶板）与承压板（承压角钢）组成传力构造（图 1-7）。承压板应采用结构胶加锚栓固定于梁底。传力焊缝的施焊质量应符合现行国家标准 GB 50661—2011《钢结构焊接规范》的要求。经检查合格，将撑杆两端用螺栓临时固定。

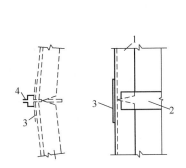

图 1-6　角钢缺口处
加焊钢板补强

1—角钢撑杆；2—剖口处箍板；
3—补强钢板；4—拉紧螺栓

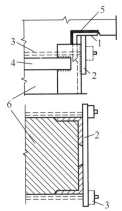

图 1-7　撑杆杆肢上端的
传力构造（施加预应力并就位后）

1—角钢制承压板；2—传力顶板；3—安装
用螺栓；4—箍板；5—胶缝；6—原柱

13

（3）预应力撑杆的横向张拉量应按设计值严格进行控制，可通过拉紧螺栓建立预应力（预顶力）。

（4）横向张拉完毕，对双侧加固，应用缀板焊连两个组合杆肢；对单侧加固，应用连接板将压杆肢焊连在被加固柱另一侧的短角钢上，以固定组合杆肢的位置。焊接连接板时，应防止预压应力因施焊受热而损失，可采取上下连接板轮流施焊或同一连接板分段施焊等措施以减少预应力损失。焊好连接板后，撑杆与被加固柱之间的缝隙，应用细石混凝土或砂浆填塞密实。

1.4.3 施工要求

1. 预压力拉杆加固施工要求

采用预应力拉杆加固时，预加应力的施工方法宜根据现场条件和需加预应力的大小选定。预应力较大时宜用机械张拉或用电热法；预应力较小时（150kN以下），宜用横向张拉法。

当采用横向张拉法时，钢套、锚具等部件应在施工现场附近焊接存放，拉杆应在施工现场尽量调直，然后进行装配和横向张拉，拉杆端部的传力结构质量很重要，应检查锚具附近细石混凝土的填灌、钢套与构件之间缝隙的填塞、拉杆端部与预埋件或钢套的焊缝等。横向张拉量控制，可先适当拉紧螺栓，再逐渐放松，至拉杆仍基本上平直而未松弛弯垂时停止放松，记录此时的有关读数，作为控制张拉量的起点。横向张拉分单点张拉和两点张拉。两点张拉应用两个拉紧螺栓同步旋紧，横向张拉量达到要求后，宜用点焊将拉紧螺栓上的螺母固定，涂防锈漆或防火保护层。

2. 预压力撑杆加固施工要求

宜在施工现场附近，先用缀板焊连两个角钢，形成压杆肢，然后在角钢的侧立肢切割出三角形缺口，弯折成设计的形状，再将补强钢板弯好，焊在弯折后角钢的正平肢上。

横向张拉完成后，应用连接板焊连双侧加固的两个压杆肢，单侧加固时用连接板焊连在被加固柱另一侧的短角钢上，以固定压杆肢的位置。焊连连接板时应防止预应力因施焊时受热而损失，可采取上下连接板轮流施焊或同一连接板分段施焊等措施来防止。焊完后，撑杆与柱间的缝隙应用砂浆或细石混凝土填塞密实。加固的压杆肢、连接板、缀板和拉紧螺栓等均应涂防护漆或防火保护层。

1.4.4 施工质量检验

（1）预应力拉杆锚固后，其实际建立的预应力值与设计规定的检验值之间相对偏差不应超过±5%。

（2）当采用钢丝束作为预应力筋时，其钢丝断裂、滑丝的数量不应超过每束一根。

（3）预应力筋锚固后，多余的外露部分应用机械方法切除，但其剩余的外露长度宜为25mm。

1.5 外粘或外包型钢施工

1.5.1 施工工艺流程

外粘或外包型钢施工工艺流程，如图1-8所示。

图1-8 外粘或外包型钢施工工艺流程

1.5.2 施工方法

1. 准备工作

（1）现场的温度若未做规定时应不低于 15℃。

（2）操作场地应无粉尘，且不受日晒、雨淋和化学介质污染。

（3）干式外包钢工程施工场地的气温不得低于 10℃，且严禁在雨季、大风天气条件下进行露天施工。

2. 界面处理

（1）外粘型钢的构件，其原混凝土界面（粘合面）应打毛，不应凿成沟槽。

（2）钢骨架及钢套箍与混凝土的粘合面经修整除去锈皮及氧化膜后，还应进行糙化处理。糙化可采用砂轮打磨、喷砂或高压水射流等技术，但糙化程度应以喷砂效果为准。

（3）干式外包钢的构件，其混凝土表面应清理洁净，打磨平整，以能安装角钢肢为度。若钢材表面的锈皮、氧化膜对涂装有影响，也应予以除净。修整好界面，其所灌注的浆液或所填塞的胶泥使钢骨架与厚构件结合服帖，改善结构的整体性和耐久性。

（4）原构件混凝土截面的棱角应进行圆化打磨，圆化半径应不小于 20mm，磨圆的混凝土表面应无松动的骨料和粉尘。

（5）外粘型钢时，其原构件混凝土表面的含水率不宜大于 4%，且不应大于 6%。若混凝土表面含水率降不到 6%，应改专用的结构胶进行粘合。

3. 型钢骨架制作

（1）钢骨架及钢套箍的部件应符合设计图纸的要求。

（2）钢部件的加工、制作质量及其连接件的制作和试安装应符合现行国家标准 GB 50205—2001《钢结构工程施工质量验收规范》的规定。

4. 型钢骨架安装及焊接

16

（1）钢骨架各肢的安装，必须采用专门卡具箍紧钢骨架各肢，然而利用钢楔、垫片等进行竖向调整并箍牢、顶紧；对外粘型钢骨架的安装，应在原构件找平的表面上，每隔一定距离粘贴小垫片，使钢骨架与原构件之间留有 2～3mm 的缝隙，以备压注胶液。对干式外包钢骨架的安装，该缝隙宜为 4～5mm，以备填塞环氧胶泥或压入注浆料。

（2）型钢骨架各肢安装后，应与缀板、箍板以及其他连接件等进行焊接。焊缝应平直，焊波应均匀，无虚焊、漏焊。

（3）外粘或外包型钢骨架全部杆件（含缀板、箍板等连接件）的缝隙边缘，应在注胶（或注浆）前用密封胶封缝。封缝时，应保持杆件与原构件混凝土之间注胶（或注浆）通道的畅通。同时，还应在设计规定的注胶（或注浆）位置钻孔，粘贴注胶嘴（或注浆嘴）底座，并在适当部位布置排气孔。待封缝胶固化后，进行通气试压。若发现有漏气处，应重新封堵。

5. 注胶（或注浆）施工

（1）灌注用结构胶粘剂应经试配，并测定其初黏度；对结构复杂工程和夏期施工工程还应测定其适用期（或操作时间）。使用黏度超出规范及产品使用说明书规定的上限，应查明其原因；属于胶粘剂质量问题的，应予以更换，不得勉强使用。

（2）对加压注胶（或注浆）全过程应进行实时控制。压力应保持稳定，且应始终处于设计规定的区间内。当排气孔冒出浆液时，应停止加压，并以环氧胶泥堵孔，然后再以较低压力维持 10min，方可停止注胶（或注浆）。

（3）注胶（或注浆）施工结束后，应静置 72h 进行固化过程的养护。养护期间，被加固部位不得受到任何撞击和振动的影响。

1.5.3 施工质量检验

（1）应在接触条件下，静置养护 7d，到期时进行胶粘强度现场检验与合格评定。

（2）注胶饱满度探测其空鼓率不大于 5%。

（3）干式外包钢的注浆饱满度探测其空鼓率不大于 10%。

（4）被加固构件注胶（或注浆）后的外观应无污渍、无胶液（或浆液）挤出的残留物；注胶孔（或注浆孔）和排气孔的封闭应平整；注胶嘴（或注浆嘴）座及其残片应全部铲除干净。

1.6 外粘纤维复合材施工

1.6.1 施工工艺流程

外粘纤维复合材施工工艺流程如图 1-9 所示。

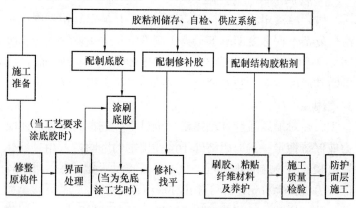

图 1-9 外粘纤维复合材施工工艺流程

18

1.6.2 施工方法

1. 准备工作

（1）施工环境温度一般按不低于15℃进行控制。

（2）作业场地应无粉尘，且不受日晒、雨淋和化学介质污染。

2. 界面处理

（1）经修整露出骨料新面的混凝土加固粘贴部位，应按设计要求修复平整，并采用结构修补胶对较大孔洞、凹面、露筋等缺陷进行修补、复原；对有段差、内转角的部位应抹成平滑的曲面；对构件截面的棱角，应打磨成圆弧半径不小于25mm的圆角，在完成以上加工后，应将混凝土表面清理干净，并保持干燥。

（2）粘贴纤维材料部位的混凝土，其表层含水率不宜大于4％，且不应大于6％。对含水率超限的混凝土应进行人工干燥处理，或改用高潮湿面专用的结构胶粘贴。

（3）当粘贴纤维材料采用的粘结材料是配有底胶的结构胶时，不得擅自免去涂刷底胶的工序。

（4）底胶指干时，表面若有凸起处，应用细砂纸磨光，并应重刷一遍。底胶涂刷完毕应静置固化至指干时，才能继续施工。

（5）若在底胶指干时，未能及时粘贴纤维材料，则应等待12h后粘贴，且应在粘贴前用细软羊毛刷或洁净棉纱团蘸工业丙酮擦拭一遍，以清除不洁残留物和新落的灰尘。

3. 纤维材料粘贴施工

1）浸渍、粘结专用的结构胶粘剂，拌和应采用低速搅拌机充分搅拌；拌好的胶液色泽应均匀、无气泡。

2）纤维织物粘贴步骤和要求：

（1）按设计尺寸裁剪纤维织物，且严禁折叠；若纤维织物原件已有折痕，应裁去有折痕一段织物。

（2）将配制好的浸渍、粘结专用的结构胶粘剂均匀涂抹于粘贴部位的混凝土表面。滚压一定要均匀而充分，以避免发生虚粘假贴现象。

（3）将裁剪好的纤维织物按照放线位置敷在涂好结构胶粘剂的混凝土表面。织物应充分展平，不得有皱褶。

（4）应使用特制滚筒沿纤维方向在已贴好纤维的面上多次滚压，使胶液充分浸渍纤维织物，并使织物的铺层均匀压实，无气泡产生。

（5）多层粘贴纤维织物时，应在纤维织物表面所浸渍的胶液达到指干状态时立即粘贴下一层。若延误时间超过1h，则应等待12h后，方可重复上述步骤继续进行粘贴，但粘贴前应重新将织物粘合面上的灰尘擦拭干净。

（6）最后一层纤维织物粘贴完毕，还应在其表面均匀地涂刷一道浸渍、粘结专用的结构胶。

3）预成型板粘贴步骤和要求：

（1）按设计尺寸切割预成型板。切割时，应考虑现场检验的需要，由监理人员按纤维板材粘贴规范取样规则，指定若干块板予以加长150mm，以备检测人员粘贴标准钢块，做正拉粘结强度检验使用。

（2）用工业丙酮擦拭纤维板材的粘贴面（贴一层板时为一面、贴多层板时为两面），至白布擦拭检查无碳微粒为止。

（3）将配制好的胶粘剂立即涂在纤维板材上。涂抹时，应使胶层在板宽方向呈中间厚、两边薄的形状，平均厚度为1.5～2mm。

（4）将涂好胶的预成型板贴在混凝土粘合面的放线位置

上，并用手轻压，然后用特制橡皮滚筒顺纤维方向均匀展平、压实，并应使胶液有少量从板材两侧边挤出。压实时，不得使板材滑移错位。粘贴碳纤维板材时，应避免往复碾压，防止板材浮起造成空鼓。

（5）需粘贴两层预成型板时，应重复上述步骤连续粘贴；若不能立即粘贴，应在重新粘贴前，将上一工作班粘贴的纤维板材表面擦拭干净。

（6）按相同工艺要求，在邻近加固部位处，粘贴检验用的 150mm×150mm 的预成型板。

4）织物裁剪的宽度不宜小于 100mm。

5）纤维复合材粘贴完毕后应静置固化，并按规定固化环境温度和固化时间进行养护。

1.6.3 施工质量检验

1）纤维复合材与混凝土之间的粘结质量可用简便易行的锤击法或其他有效探测法进行检查。根据检查结果确认的总有效粘结面积不应小于总粘结面积的 95％。

探测时，应将粘贴的纤维复合材分区，逐区测定空鼓面积（即无效粘结面积）。若单个空鼓面积不大于 10000mm²，允许采用注射法充胶修复；若单个空鼓面积大于或等于 10000mm²，应割除修补，重新粘贴等量纤维复合材。粘贴时，其受力方向（顺纹方向）每边的搭接长度不应小于 200mm；若粘贴层数超过 3 层，该搭接长度不应小于 300mm；对非受力方向（横纹方向）每边的搭接长度可取为 100mm。

2）加固材料（包括纤维复合材）与基材混凝土的正拉粘结强度必须进行现场抽样检验。其检验结果应符合表 1-2 合格指标的要求。若不合格，应揭去重贴，并重新检查验收。

表 1-2　现场检验加固材料与混凝土正拉粘结强度的合格指标

检验项目	原构件实测混凝土强度等级	检验合格指标		检验方法
正拉粘结强度及其循环形式	C15～C20	≥1.5MPa	且为混凝土内聚破坏	根据有关规范
	≥C45	≥2.5MPa		

3）纤维复合材胶层厚度（δ）应符合下列要求：

（1）对纤维织物（布）：$\delta=(1.5\pm0.5)$mm。

（2）对预成型板：$\delta=(2.0\pm0.3)$mm。

4）纤维复合材粘贴位置与设计要求的位置相比，其中线偏差不应大于 10mm，长度负偏差不应大于 15mm。

1.7　外粘钢板施工

1.7.1　施工工艺流程

外粘钢板施工工艺流程如图 1-10 所示。

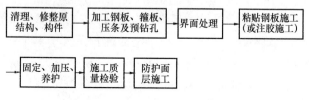

图 1-10　外粘钢板施工工艺流程

1.7.2　施工方法

1. 施工准备工作

1）当采用压力注胶法粘钢时，应采用锚栓固定钢板。固定时，应加设钢垫片，使钢板与原构件表面之间留有约 2mm 的贯通缝隙，以备压注胶液。

2）固定钢板的锚栓，应采用化学锚栓，不得采用膨胀锚栓。锚栓直径不应大于 M10；锚栓埋深可取为 60mm；锚栓边距和间距应分别不小于 60mm 和 250mm。锚栓仅用于施工过程中固定钢板。在任何情况下，均不得考虑锚栓参与胶层的受力。

3）外粘钢板的施工环境应符合下列要求：

（1）现场的环境温度应符合胶粘剂产品使用说明书的规定；若未作具体规定，应按不低于 15℃进行控制。

（2）作业场地应无粉尘，且不受日晒、雨淋和化学介质污染。

2. 界面处理

（1）外粘钢板部位的混凝土，其表层含水率不宜大于 4%，且不应大于 6%。对含水率超限的混凝土梁、柱、墙等，应改用高潮湿面专用的胶粘剂。

（2）钢板粘贴前，应用工业丙酮擦拭钢板和混凝土的粘合面各一道。

3. 钢板粘贴施工

（1）拌和胶粘剂时，应采用低速搅拌机充分搅拌。拌好的胶液色泽应均匀，无气泡，并应采取措施防止水、油、灰尘等杂质混入。

严禁在室外和尘土飞扬的室内拌和胶液。

胶液应在规定的时间内使用完毕。严禁使用超过规定使用期（可操作时间）的胶液。

（2）拌好的胶液应同时涂刷在钢板和混凝土粘合面上，经检查无漏刷后即可将钢板与原构件混凝土粘贴，粘贴后的胶层平均厚度应控制在 2～3mm。覆贴时，胶层宜中间厚、边缘薄；竖贴时，胶层宜上厚下薄；仰贴时，胶液的垂流度不应大于 3mm。

（3）钢板粘贴时表面应平整，段差过渡应平滑，不得有折角。钢板粘贴后应均匀布点加压固定，其加压顺序应从钢板的一端向另一端逐点加压，或由钢板中间向两端逐点加压，不得由钢板两端向中间加压。

（4）加压固定可选用夹具加压法、锚栓（或螺杆）加压法、支顶加压法等。加压点之间的距离不应大于 500mm，加压时，应按胶缝厚度控制在 2～2.5mm 进行调整。

（5）外粘钢板中心位置与设计中心线位置的线偏差不应大于 5mm，长度负偏差不应大于 10mm。

（6）混凝土与钢板粘结的养护温度不低于 15℃时，固化 24h 即可卸除加压夹具及支撑，72h 后可进入下一工序。若养护温度低于 15℃时，应按规定采取升温措施，或改用低温固化剂结构胶粘剂。

1.7.3 施工质量检验

（1）钢板与混凝土之间的粘结质量可用锤击法或其他有效探测法进行检查。按检查结果推定的有效粘贴面积不应小于总粘贴面积的 95％。

（2）钢板与原构件混凝土间的正拉粘结强度应符合规范规定的合格指标的要求。若不合格，应揭去重贴并重新检查验收。

（3）胶层应均匀，无局部过厚、过薄现象；胶层厚度应控制在 （2.5±0.5)mm。

1.8 植 筋 施 工

1.8.1 施工工艺流程

植筋施工工艺流程如图 1-11 所示。

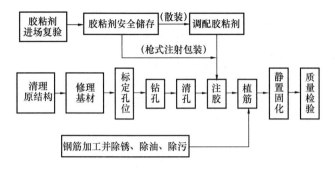

图 1-11　植筋施工工艺流程

1.8.2　施工方法

1. 准备工作

（1）基材表面温度应按不低于15℃进行控制。

（2）严禁在大风、雨雪天气进行露天作业。

（3）植筋焊接应在注胶前进行。原则上先焊接后植筋，若个别钢筋确需后焊时，除应采取断续施焊的降温措施外，尚应要求施焊部位距注胶孔顶面的距离不应小于15d，且不应小于200mm，同时必须用冰水浸渍的多层湿巾包裹植筋外露的根部。

（4）基材清孔及钢筋除锈、除油和除污的工序完成后，应按隐蔽工程的要求进行检查和验收。

2. 界面处理

（1）植筋孔洞钻好后应先用钢丝刷进行清孔，再用洁净无油的压缩空气或手动吹气筒清除孔内粉尘，如此反复处理不应少于3次。必要时尚应用干净棉纱蘸少量工业丙酮擦净孔壁。

（2）植筋工程施工过程中，应每日检查其孔壁的干燥程度。

（3）植筋孔壁应完整，不得有裂缝和其他局部损伤。

（4）植筋用的钢筋或螺杆在植入前应复查有无未打磨干净的旧锈和新锈。若有新旧锈斑，应用砂纸擦净。

（5）植筋孔壁清理洁净后，若不立即种植钢筋，应暂时封闭其孔口，防止尘土、碎屑、油污和水分等落入孔中影响锚固质量。

3. 施工要点

（1）注入胶粘剂时，其灌注方式应不妨碍孔中的空气排出，灌注量应以植入钢筋后有少许胶液溢出为度。在任何工程中，均不得采用钢筋从胶桶中粘胶塞进孔洞的施工方法。

（2）注入植筋胶后，应立即插入钢筋，并按单一方向边转边插，直至达到规定的深度。从注入胶粘剂至植好钢筋所需的时间，应少于产品使用说明书规定的适用期（可操作时间），否则应拔掉钢筋，并立即清除失效的胶粘剂，重新按原工序返工。

（3）植入的钢筋必须立即校正方向，使植入的钢筋与孔壁间的间隙均匀。胶粘剂未达到产品使用说明书规定的固化期前，应静置养护，不得扰动所植钢筋。

4. 注意事项

用冲击钻钻孔，钻头直径应比钢筋直径大 4～8mm，钢筋直径为 $\phi25mm$，钻头选用 $\phi32mm$ 的合金钻头。钻孔深度按照现行国家标准 GB 50367—2013《混凝土结构加固设计规范》中提供的植筋基本锚固长度。各孔要求与布孔面垂直，且相互平行。钻孔时保证钻机、钻头与植入钢筋（螺杆）的受拉力方向一致。保证孔径与孔深尺寸准确。钻孔时，如果钻机突然停止或钻头不前进时，应立即停止钻孔，检查是否碰到内部钢筋。对于 $15d$ 以上的超深孔钻孔时，除按标准操作对电锤不施加大的压力外，还应经常将钻头提起，让碎屑及时排出。

（1）植筋施工前，应采用钢筋探测仪对原结构筋进行准确定位，确保钻孔，避开原结构内钢筋，特别是预应力筋和主受力筋。

（2）对于梁柱节点等钢筋密集或不易准确探测的部位，建议根据原结构设计图纸的钢筋分布，并配合原混凝土界面处理（凿毛、粗糙化）的过程进行施工现场观察分析，对原结构钢筋进行定位。

（3）注胶时如孔深超过 20cm，应使用混合管延长器，保证从孔底开始注胶，以防内部胶体不实。

（4）植筋注射剂应存放于阴凉、干燥的地方，避免受阳光直接照射，长期存放温度为 5～25℃。注意：注射剂不要接触眼睛。

（5）如果孔壁潮湿（不应有明水）可以进行注胶植筋，但固化时间应按规范固化时间加倍延长。

（6）植筋孔壁应完整，不得有裂缝和其他局部损伤。植筋孔壁清理洁净后，若不立即种植钢筋，应暂时封闭孔口，防止尘土、碎屑、油污和水分等落入孔中影响锚固质量。

（7）严格遵守安装时间与固化时间，待胶体完全固化方可承载，固化期间严禁扰动，以防锚固失效。

1.8.3 施工质量检验

（1）植筋的胶粘剂固化时间达到 7d 的当日，应抽样进行现场锚固承载力检验。其检验方法及质量合格评定标准必须符合 GB 50550—2010《建筑结构加固工程施工质量验收规范》的规定。

（2）植筋钻孔孔径的偏差应符合表 1-3 的规定。钻孔深度及垂直度的偏差应符合表 1-4 的规定。

表 1-3 植筋钻孔孔径允许偏差 单位：mm

钻孔直径	孔径允许偏差	钻孔直径	孔径允许偏差
<14	≤+1.0	22～32	≤+2.0
14～20	≤+1.5	34～40	≤+2.5

表 1-4 植筋钻孔深度、垂直度和位置的允许偏差

植筋部位	钻孔深度允许偏差 /mm	钻孔垂直度允许偏差 /（mm/m）	位置允许偏差 /mm
基础	+20.0	50	10
上部构件	+10.0	30	5
连接节点	+5.0	10	5

1.9 锚 栓 施 工

1.9.1 施工工艺流程

锚栓施工工艺流程如图 1-12 所示。

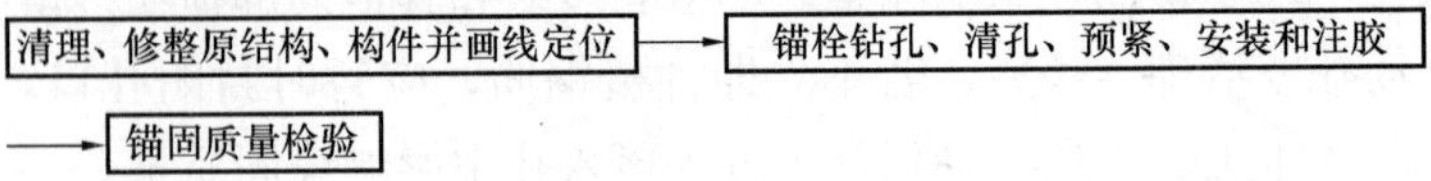

| 清理、修整原结构、构件并画线定位 | → | 锚栓钻孔、清孔、预紧、安装和注胶 |

| → | 锚固质量检验 |

图 1-12 锚栓施工工艺流程

1.9.2 施工方法

1. 准备工作

1) 原结构构件清理、修整后，应按设计图纸进行画线并确定锚栓位置；若构件内部配有钢筋，尚应探测其对钻孔有无影响。

2) 锚栓工程的施工环境应符合下列要求：

（1）锚栓安装现场的气温不宜低于−5℃。

（2）严禁在雨雪天气进行露天作业。

2. 安装施工

1）锚栓钻孔

应按规定的钻孔要求进行操作。

2）基材表面及锚孔的清理

① 混凝土基材表面应进行清理、修整。

② 锚栓的锚孔应使用压缩空气或手动气筒清除孔内粉屑。

③ 锚栓应无浮锈；锚板范围内的基材表面应光滑平整，无残留的粉尘、碎屑。

3）锚栓安装

（1）自扩底型锚栓的安装，应使用专门安装工具并利用锚栓专制套筒上的切底钻头边旋转、边切底、边就位；同时通过目测位移，判断安装是否到位；若已到位，其套筒顶端应低于混凝土表面的距离为 1~3mm；对穿透式自扩底锚栓，此距离系指套筒顶端应低于被固定物的距离。

（2）模扩底型锚栓的安装，应使用专门的模具式钻头切底，将锚栓套筒敲至柱锥体规定位置以实现正确就位；同时通过目测位移，判断安装是否到位；若已到位，其套筒顶端至混凝土表面的距离也应约为 1~3mm，其中特殊倒锥形锚栓无需扩底。

（3）锚栓孔清孔后，若未立即安装锚栓，应暂时封闭其孔口，防止尘土、碎屑、油污和水分等落入孔内影响锚固质量。

（4）锚栓固定件的表面应光洁、平整。

1.9.3 施工质量验收

1）锚栓安装、紧固或固化完毕后，应进行锚固承载力

现场检验。其锚固质量必须符合锚固承载力现场检验的规定，并符合规范的有关规定。

2）钻孔偏差应符合下列规定：

（1）垂直度偏差不应超过 2.0%。

（2）直径偏差不应超过表 1-3 的规定值，且不应有负偏差。

（3）孔深偏差仅允许正偏差，且不应大于 5mm。

（4）位置偏差应符合施工图规定；若无规定，应按不超过 5mm 执行。

表 1-5　锚栓钻孔直径的允许偏差　　单位：mm

钻孔直径	孔径允许偏差	钻孔直径	孔径允许偏差
≤14	≤+0.3	24～28	≤+0.5
16～22	≤+0.4	30～32	≤+0.6

1.10　灌 浆 施 工

1.10.1　施工工艺流程

灌浆施工工艺流程如图 1-13 所示。

图 1-13　灌浆施工工艺流程

1.10.2　施工方法

1. 准备工作

1）结构构件增大截面灌浆工程的施工程序及需按隐蔽工程验收的项目，应符合下列规定：

（1）在安装模板的工序中，应增加设置灌浆孔和排气孔的位置。

（2）在灌浆施工的工序中，对第一次使用的灌浆料，应增加灌浆作业；当分段灌注时，尚应增加快速封堵灌浆孔和排气孔好的作业。

2）灌浆工程的施工组织设计和施工技术方案应结合结构的特点进行论证，并经审查批准。

2. 复查施工图

1）在结构加固工程中使用水泥基灌浆料时，应对施工图进行基本复查，其结果应符合下列规定：

（1）对增大截面加固，仅允许用于原构件为普通混凝土或砌体工程，不得用于原构件为高强混凝土的工程。

（2）对外加型钢（角钢）骨架的加固，仅允许用于干式外包钢工程，不得用于外粘型钢（角钢）工程。

2）当用于普通混凝土或砌体的增大截面工程时，尚应遵守以下规定：

（1）不得采用纯灌浆料，而应采用以 70％灌浆料与 30％细石混凝土混合而成的浆料（以下简称混合料），且细石混凝土粗骨料的最大粒径不应大于 12.5mm。

（2）混合料灌注的浆层厚度（即新增截面厚度）不应小于 60mm，且不宜大于 80mm；若有可靠的防裂措施，也不应大于 100mm。

（3）采用混合料灌注的新增截面，其强度设计值应按细石混凝土强度等级采用。细石混凝土强度等级应比原构件混凝土提高一级，且不应低于 C25 级，也不应高于 C50 级。

注意：当构件新增截面尺寸较大时，宜改用普通混凝土或自密实混凝土。

（4）梁、柱的新增截面应分别采用三面围套和全围套的构造方式，不得采用仅在梁底或柱的相对两面加厚的做法。板的新增截面与旧混凝土之间应采取增强其粘结抗剪和抗拉能力的措施，且应设置防温度变形、收缩变形的构造钢筋。

3）当用于干式外包钢工程时，不论采用何种品牌灌浆料均仅作为充填角钢与原混凝土间的缝隙之用，不考虑其粘结力。在任何情况下，均不得替代结构胶粘剂用于外粘型钢（型钢）工程。

3. 界面处理

1）原构件界面（即粘合面）处理应符合下列规定：

（1）对混凝土构件，应采用人工、砂轮机或高压水射流流动打毛。打毛深度应达骨料新面，且应均匀、平整；在打毛同时，尚应凿除原截面的棱角。

（2）对一般砌体构件，仅需剔除勾缝砂浆、已风化的材料层和抹灰层或其他装饰层。

（3）对外观质地光滑，且强度等级高的砌体构件，尚应打毛块材表面；每块应至少打毛两处，且可打成点状或条状，其深度以 3～4mm 为度。

在完成打毛工序后，尚应清除已松动的骨料、浮渣和粉尘，并用清洁的压力水冲洗干净。

2）对打毛的混凝土或砌体构件，应按设计选用的结构界面胶（剂）及其工艺进行涂刷。对楼板加固，除应涂刷结构界面胶（剂）外，尚应种植剪切销钉。

界面胶（剂）和锚固型结构胶粘剂进场时，应按规范要求进行复验。

4. 灌浆、养护

1）新增截面的受力钢筋、箍筋及其他连接件、锚固件、预埋件与原构件连接（焊接）和安装的质量，应符合规范要求。

2）灌浆工程的模板、紧箍件（卡具）及支架的设计与安装，应符合下列要求：

（1）当采用在模板对称位置上开灌浆孔和排气孔灌注时，其孔径不宜小于 100mm，且不应小于 50mm；间距不宜大于 800mm。若模板上有设计预留的孔洞，则灌浆孔和排气孔应高于该孔洞最高点约 50mm。

（2）当采用在楼板的板面上凿孔对柱的增大截面部位进行灌浆时，应按一次性灌满的要求架设模板，并采用措施防止连接外漏浆。此时，柱高不宜大于 3m，且不应大于 4m。若将这种方法用于对梁的增大截面部位进行灌浆，则无需限制跨度，均可按一次性灌注完毕的要求架设模板。

梁、柱的灌浆孔和排气孔应对称布置，且分别凿在梁的边缘和柱与板交界边缘上。凿孔的尺寸一般为 φ60～120mm 的圆形孔。

3）新增灌浆料与细石混凝土的混合料，其强度等级必须符合设计要求。用于检查其强度的试块，应在监理工程师的见证下，按规范的有关规定进行取样、制作、养护和检验。

4）灌浆料启封配成浆液后，应直接与细石混凝土拌和使用，不得在现场再掺入其他外加剂和掺和料。将拌好的混合料灌入板内时，允许用小工具轻轻敲击模板。

5）日平均温度低于 5℃时，应按冬期施工要求，采取有效措施确保灌浆工艺安全可行。浆体拌和温度应控制在 50℃～60℃之间；基材温度和浆料入模温度应符合产品使用说明书的要求，且不应低于 10℃。

6）混合料灌注完毕后，应按施工技术方案及时采取有效的养护措施，并应符合下列规定：

（1）养护期间日平均温度不应低于 5℃；若低于 5℃，应按冬期施工要求，采取保暖升温措施；在任何情况下，均不得采用负限养护方法，以确保灌浆工程的养护质量。

（2）灌注完毕应及时喷洒养护剂或覆盖塑料薄膜，然后再加盖湿土工布或湿薄袋。在完成此道作业后，应按规范的有关规定进行养护，且不得少于 7d。

（3）在养护期间，应自始至终做好浆体的保湿工作；冬期施工时，应做好浆体保温工作。

1.10.3　施工质量检验

1）以灌浆料与细石混凝土拌制的混合料，并采用灌浆法灌注到新增截面，其施工质量应符合规范的有关规定。

2）在按规范的有关规定检查混合料灌注的新增截面的构件使用前，应先对下列文件进行审查：

（1）灌浆料出厂检验报告和进场复验报告。

（2）拌制混合料现场取样作抗压强度检验报告。

2 砌体结构加固施工

2.1 钢丝绳网片外加聚合物砂浆面层施工

2.1.1 施工工艺流程

钢丝绳网片外加聚合物砂浆面层施工工艺流程如图 2-1 所示。

图 2-1 钢丝绳网片外加聚合物砂浆面层施工工艺流程

2.1.2 施工方法

1. 准备工作

1）施工现场的气温：对改性环氧类或改性丙烯酸酯共聚物类聚合物砂浆，不应高于 35℃；对乙烯-醋酸乙烯共聚物类聚合物砂浆，不应高于 30℃；而且均不得受日晒、雨淋。

2）施工环境最低温度应按不低于 15℃进行控制。

3）冬期施工时，配制聚合物砂浆的液态原材料，在进场验收后应采取措施防止冻害。

2. 界面处理

1）剔除原构件混凝土或砌体的风化、腐蚀层，除去原钢筋锈层和锈坑。必要时，还应进行补筋。修整后尚应清除松动的骨料和粉尘，并应用清洁的压力水清洗洁净。若混凝土有裂缝，还应用结构加固用的裂缝修补胶进行修补。

2）在原构件的混凝土或砌体表面喷涂的结构界面胶（剂），宜采用与聚合物砂浆配套供应的结构界面胶（剂）。

3）原构件表面的含水率，应符合聚合物砂浆及其界面胶（剂）施工的要求。

3. 钢丝绳网片安装

1）安装钢丝绳网片前，应先在原构件混凝土表面画线标定安装位置，并按标定的尺寸在现场裁剪网片。裁剪作业及网片端部的固定方式应符合产品使用说明书的规定。

2）安装网片时，应先将网片的一端锚固在原构件端部标定的固定点上，而网片的另一端则用张拉夹持器夹紧，并在此端安装张拉设备，通过张拉使网片均匀展平、绷紧。在网片没有下垂的状态下保持网片拉力的稳定，并应有专人进行监控。经检查网片位置及网片中的经绳和纬绳间距无误后，用锚栓和绳卡将网片经、纬绳的每一连接点在原构件混凝土或砌体上固定牢靠，然后卸去张拉设备，并按隐蔽工程的要求进行安装质量检查和验收。

3）当网片需要接长时，沿网片长度方向的搭接长度应符合设计规定；若施工图未注明，应取搭接长度不小于200mm，且不应位于最大弯矩区。

4）安装网片时，应对钢丝绳保护层厚度采取控制措施予以保证，且允许按加厚 3～4mm 设置控制点。

5）网片中心线位置与设计中心线位置的偏差不应大于10mm；网片两组纬绳之间的净间距偏差不应大于 10mm。

4. 聚合物砂浆面层施工

1）聚合物砂浆的强度等级必须符合设计要求。用于检

查钢丝绳网片外加聚合物砂浆面层抗压强度的试块，应会同监理人员在拌制砂浆的出料口随机取样制作。其取样数量与试块留置应符合下列规定：

（1）同一工程每一楼层（或单层），每喷抹 $500m^2$（不足 $500m^2$，按 $500m^2$ 计）砂浆面层所需的同一强度等级的砂浆，其取样次数应不少于一次。若搅拌机不止一台，应按台数分别确定每台取样次数。

（2）每次取样应至少留置一组标准养护试块，与面层砂浆同条件养护的试块，其留置组数应根据实际需要确定。

2）聚合物砂浆面层喷抹施工开始前，应按 30min 时间的砂浆用量，将聚合物砂浆各组分原料按序置入搅拌机充分搅拌。拌好的砂浆，其色泽应均匀、无结块、无气泡、无沉淀，并应防止水、油、灰尘等混入。

3）喷抹聚合物砂浆时，可用喷射法，也可采用人工涂抹法，但应用力擀压密实。喷抹应分 3 道或 4 道进行。仰面喷抹时，每道厚度以不大于 6mm 为宜，后一道喷抹应在前一道初期硬化时进行。初期硬化时间应按产品使用说明书确定。

4）聚合物砂浆面层喷抹完毕后，应按现行有关标准或产品使用说明书规定的养护方法和时间，指派专人进行养护。

2.1.3 施工质量检验

1）聚合物砂浆面层的外观质量不应有严重缺陷及影响结构性能和使用功能的尺寸偏差。严重缺陷的检查与评定应按表 2-1 进行；尺寸偏差的检查与评定应按设计单位在施工图上对重要尺寸允许偏差所作的规定进行。

对已经出现的严重缺陷及影响结构性能和使用功能的尺寸偏差，应由施工单位提出技术处理方案，经业主（监理）

和设计单位共同认可后予以实施。对经处理的部位应重新检查、验收。

表 2-1　聚合物砂浆面层外观质量缺陷

名　称	现　象	严　重　缺　陷	一　般　缺　陷
露绳（或露筋）	钢丝绳网片（或钢筋网）未被砂浆包裹而外露	受力钢丝绳（或受力钢筋）外露	按构造要求设置的钢丝绳（或钢筋）有少量外露
疏　松	砂浆局部不密实	构件主要受力部位有疏松	其他部位有少量疏松
夹杂异物	砂浆中夹有异物	构件主要受力部位夹有异物	其他部位夹有少量异物
孔　洞	砂浆中存在深度和长度均超过砂浆保护层厚度的孔洞	构件主要受力部位有孔洞	其他部位有少量孔洞
硬化（或固化）不良	水泥或聚合物失效，致使面层不硬化（或不固化）	任何部位不硬化（或不固化）	（不属一般缺陷）
裂缝	缝隙从砂浆表面延伸至内部	构件主要受力部位有影响结构性能或使用功能的裂缝	仅有表面细裂纹
连接部位缺陷	构件端部连接处砂浆层分离或锚固件与砂浆层之间松动、脱落	连接部位有影响结构传力性能的缺陷	连接部位有轻微影响或不影响传力性能的缺陷
表观缺陷	表面不平整、缺棱掉角、翘曲不齐、麻面、掉皮	有影响使用功能的缺陷	仅有影响观感的缺陷

注：复合水泥砂浆及普通水泥砂浆面层的喷抹质量缺陷也可按本表进行检查与评定。

38

2）聚合物砂浆面层与原构件混凝土之间有效粘结面积不应小于该构件总粘结面面积的 95%。否则应揭去重做，并重新检查验收。

3）聚合物砂浆面层与原构件混凝土间的正拉粘结强度，应符合规范有关规定的合格指标的要求。若不合格，应揭去重做，并重新检查、验收。

4）聚合物砂浆面层的保护层厚度检查，宜采用钢筋探测仪测定，且仅允许有 8mm 的正偏差。

5）聚合物砂浆面层的喷抹质量不宜有一般缺陷。一般缺陷的检查与评定应按表 2-1 进行。

6）聚合物砂浆面层尺寸的允许偏差应符合下列规定：

（1）面层厚度：仅允许有 5mm 正偏差。

（2）表面平整度：≤0.3%。

2.2　砌体或混凝土构件外加钢筋网砂浆面层施工

2.2.1　施工工艺流程

砌体或混凝土构件外加钢筋网砂浆面层施工工艺流程如图 2-2 所示。

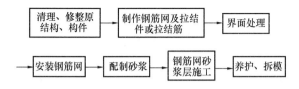

图 2-2　砌体或混凝土构件外加钢筋网砂浆面层施工工艺流程

2.2.2　施工方法

1. 清理、修整原结构、构件

1）在清理、修整原结构、构件过程中发现的裂缝和损伤，应逐个予以修补；对砌体构件，若修补有困难，应进行局部拆砌。修补或拆砌完成后，应用清洁的压力水冲刷干净，并按设计规定的工艺要求喷涂结构界面胶（剂）。

2）当设计对原构件表面喷抹砂浆层前有湿润要求时，应按规定的提前时间，顺墙面反复浇水湿润，并应待墙面无明水后再进行面层施工。若设计无此要求，不得擅自浇水。

2. 界面处理

原墙面碱蚀严重时，应先清除松散部分，用钢丝刷和压力水刷洗干净，并用1∶3水泥砂浆抹面，已松动的勾缝砂浆应剔除。对粘结良好无空膨的原有水泥砂浆粉饰层可不铲除，但应凿毛，并将表面油污等刷洗干净。

3. 安装钢筋网及砂浆面层施工

（1）在墙面钻孔时，应按设计要求先画线标出锚筋（或穿墙筋）位置，并用电钻打孔。穿墙孔直径宜比"S"形筋大2mm，锚筋孔直径宜为锚筋直径的2～2.5倍，其孔深宜为100～120mm。锚筋插入孔洞后，应采用水泥砂浆填实。

（2）铺设钢筋网时，竖向钢筋应靠墙面，采用钢筋头支起固定钢筋位置。钢筋网应用钢筋头或砂浆垫块预先垫出钢筋网与墙面间的间隔层，钢筋与周边构件墙体的连接，如短钢筋、胀管螺栓与钢筋网的焊接应检查。

（3）钢筋网的安装及砂浆面层的施工，应按先基础后上部结构由下而上的顺序逐层进行；同一楼层尚应分区段加固；不得违反施工图规定的程序。

（4）钢筋网与原构件的拉结采用穿墙S形筋时，S形筋应与钢筋网点焊，其点焊质量应符合现行行业标准JGJ 18—2012《钢筋焊接及验收规程》的规定。

（5）钢筋网与原构件的拉结采用种植Γ形剪切销钉、胶粘销钉锚栓时，其孔径、孔深及间距应符合设计要求。

（6）穿墙S形筋的孔洞、楼板穿筋的孔洞以及种植Γ形剪切销钉和尼龙锚栓的孔洞，均应采用机械钻孔。拉结施工完毕，应用锚固型胶粘剂将孔填实。

（7）钢筋网片的钢筋间距应符合设计要求；钢筋网片间的搭接宽度不应小于100mm；钢筋网片与原构件表面的净距应取5mm，且仅允许有1mm正偏差，不得有负偏差。

（8）砌体或混凝土构件外加钢筋网的面层砂浆，其设计厚度 $t \leqslant 35$mm 时，宜分三层抹压；当 $t > 35$mm 时，尚应适当增加抹压层数。

（9）抹水泥砂浆时，应先在墙面刷水泥浆一道，再分层抹灰，每层厚度不应超过15mm。各层砂浆的接茬部位必须错开，要求压平粘牢，最后一层砂浆初凝时，再压完二、三遍，以增强密实度。

（10）钢筋网水泥砂浆面层加固时，钢筋网与墙面间的间隔保护层应先留出，砂浆面层一般分三层抹，第一层要求将钢丝网与砌体间的间隔空隙抹实，初凝后抹第二层，要求砂浆将钢筋网全部罩住，初凝后再抹第三层至设计厚度。

（11）面层应浇水养护，防止阳光暴晒，冬季应采取防冻措施。

（12）砌体或混凝土构件外加钢筋网采用普通砂浆或复合砂浆面层时，其强度等级必须符合设计要求。用于检查砂浆强度的试验。

2.2.3 施工质量检验

1）砌体或混凝土构件外加钢筋网的砂浆面层，其浇筑或喷抹的外观质量不应有严重缺陷。

2）砌体或混凝土构件外加钢筋网砂浆面层与基材界面粘结的施工质量，可采用现场锤击法或其他探测法进行探查。按探查结果确定的有效粘结面积与总粘结面积之比的百分率不应小于 90%。粘结牢固，无开裂、空鼓与脱落。

3）砂浆面层与基材之间的正拉粘结强度，必须进行见证取样检验。

4）新加砂浆面层的钢筋保护层厚度检测，可采用局部凿开检查法或非破损探测法。检测时，应按钢筋网保护层厚度仅允许有 5mm 正偏差；无负偏差进行合格判定。

注：钢筋保护层厚度检验的检测误差不应大于 1mm。

2.3 砌体柱外加预应力撑杆施工

2.3.1 施工工艺流程

砌体柱外加预应力撑杆施工工艺流程如图 2-3 所示。

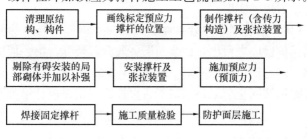

图 2-3 砌体柱外加预应力撑杆施工工艺流程

2.3.2 施工方法

1. 界面处理

（1）将砌体构件表面打磨平整，截面四个棱还应打磨成圆角，其半径 r 取约 15～25mm，以角钢能贴原构件表面为度。

（2）当原构件的砌体表面平整度很差，且打磨有困难时，在原构件表面清理洁净并剔除勾缝砂浆后，采用 M15 级水泥。

2. 撑杆制作

（1）预应力撑杆及其部件宜在现场就近制作。制作前应在原构件表面画线定位，并按实测尺寸下料、编号。

（2）撑杆的每侧杆肢由两根角钢组成，并以钢缀板焊接成槽形截面组合肢（简称组合肢）。

（3）在组合肢中点处，应将角钢侧立翼板切割出三角形缺口，并将组合肢整体弯折成设计要求的形状和尺寸，然后在弯折角钢另一完好翼板的该部位，用补强钢板焊上。补强钢板的厚度应符合设计要求。

（4）撑杆组合肢的上下端应焊有钢制抵承板（传力顶板）。抵承板尺寸和板厚应符合设计要求，且板厚不应小于14mm。抵承板与承压板及撑杆肢的接触面应经刨平。

（5）当采用埋头锚栓与上部混凝土构件锚固时，宜采用角钢制成；当采用一般锚栓时，应将承压板做成槽形（图 2-4），套在上部混凝土构件上，从两侧进行锚固。承压板的厚度应符合设计要求。承压板与抵承板相互顶紧的面，应锯刨平。

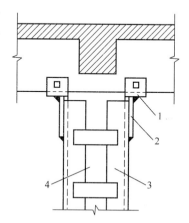

图 2-4　柱端处撑杆承力构造

1—槽形承压板；2—抵承板（传力顶板）；

3—撑杆组合肢；4—被加固砌体柱

43

（6）预应力撑杆的横向张拉在补强钢板钻孔（图 2-5），穿以螺杆，通过收紧螺杆建立预应力。张拉用的螺杆，其净直径不应小于 18mm，其螺母高度不应小于 $1.5d$（d 为螺杆公称直径）。

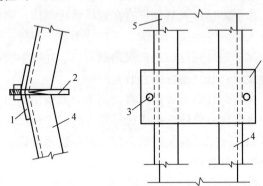

图 2-5　预应力撑杆横向张拉构造
1—补强钢板；2—拉紧螺栓；3—钻孔（供穿拉紧螺栓用）；
4—撑杆；5—被加固砌体柱

3. 撑杆安装与张拉

撑杆的安装与张拉应符合下列规定：

（1）安装撑杆前，应先安装上下两端承压板。承压板与相连板件（如混凝土梁）的接触面应涂抹快固型结构胶，并用化学螺栓以锚固。

（2）安装两侧的撑杆组合肢，应使其抵紧于承压板上，用穿在抵承板中的安装螺杆进行临时固定。

（3）按张拉方案，同时收紧安装在补强钢板两侧的螺杆，进行张拉。横向张拉量 ΔH 的控制，应以撑杆开始受力的值作为拉杆的起始点。为此，宜先拧紧螺杆，再逐渐放松，直至撑杆复位，且以还能抵承，但无松动感为度；此时的测试读数值作为横向张拉量 ΔH 的起点。

（4）横向张拉结束后，应用缀板焊连两侧撑杆组合肢。焊接方式可采取上下缀板、连接板轮流施焊或同一板上分段施焊等措施，以防止预应力受热损失。焊好缀板后，撑杆与被加固柱之间的缝隙，应用水泥砂浆填塞密实。

（5）设计要求顶紧的抵承节点传力面，其顶紧的实际接触面积不应少于设计接触面积的 80%，且边缘最大缝隙不应大于 0.8mm。

2.3.3　施工质量检验

（1）预应力撑杆建立的预顶力不应大于加固柱各阶段所承受的恒荷载标准值的 90%，且被加固的砌体柱外观应完好，未出现预顶过度所引起的裂缝。

（2）预应力撑杆及其连接件的外观表面不应有锈迹、油渍的污垢。

2.4　外加钢筋混凝土面层施工

2.4.1　施工工艺流程

外加钢筋混凝土面层施工工艺流程如图 2-6 所示。

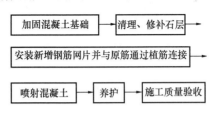

图 2-6　外加钢筋混凝土面层施工工艺流程

2.4.2　施工方法

（1）先开挖基础，基础部分也需要绑扎钢筋、浇筑细石

45

混凝土加固，在基础加固前将墙面纵筋植入原基础内，后用结构胶锚固。

（2）面层需要铲除抹灰层，对原墙损坏或酥松严重的部位，应进行局部清除松散部分，并用 1∶3 水泥砂浆抹面修补；坏砖用环氧砂浆修补或剔除；裂缝处用压力灌浆修补，并将已松动的勾缝砂浆剔除，砖缝剔深 5mm；凿除顶板与墙交接处的抹灰，用钢丝刷将墙面刷干净并用水冲刷，不得有浮灰、尘土、损坏及裂缝，防止砖墙与混凝土剥离。

（3）钢筋严格按照设计间距，绑扎前在墙面及地面放出轴线及控制线，钻孔并安装锚筋，穿墙孔直径应比"S"形筋大 1mm，锚筋孔直径应为锚筋直径的 2～2.5 倍，其孔深应为 100～120mm。锚筋插入孔洞后，应采用水泥砂浆填实或用植筋胶锚固。

（4）水泥砂浆或植筋胶达到设计强度后方可进行绑筋施工，钢筋一般在现场加工，按实际长度下料，钢筋下料后进行编号，然后现场弹线定位，纵向筋绑扎、水平钢筋绑扎、保护层垫块，竖向钢筋应靠墙面，采用钢筋头支起，与墙面距离大于 35mm，使水平钢筋保护层厚度不小于 15mm，锚筋与钢筋网片之间采用焊接或绑扎连接，绑扎前先对预留竖筋拉通线校正，之后再接上排竖筋，水平筋绑扎时拉通线绑扎，保证水平一条线，竖向钢筋搭接长度为 $10d$，墙体的水平和竖向钢筋错开搭接，钢筋的相交应全部绑扎，钢筋搭接处在中心和两端用钢丝扎牢，保证原墙体与钢筋间的正确位置。

（5）网片竖向钢筋与原结构楼板通过植筋连接，钢筋网片水平钢筋与墙通过植筋连接，钢筋穿过楼板和墙后用植筋胶封堵洞口。

（6）钢筋网片绑扎要平整牢靠，绑扎后要按顺序进行检查，检查合格后方能进入下道工序。

（7）用高压水冲洗墙面，提前 1d 浇水湿润，使砖充分吸水。

（8）喷射混凝土或支模浇筑混凝土，喷射混凝土隔一定间距预先埋设定位厚度点，同时拉通线，控制墙面的平整度，窗口处用多层板挡住，避免混凝土、砂子、石子等击碎玻璃伤人。喷射混凝土采用早强型水泥，一次喷射混凝土的厚度要适中。如果一次喷射厚度太薄，骨料易反弹；如果太厚，易出现下坠、流淌等现象，喷射时间间隔不大于设计混凝土终凝时间，喷射顺序应分层分类，自下而上，喷射口与喷射面应尽量垂直，距离在 0.7～1.0m 之间，控制混凝土回弹率。喷射混凝土的墙体表面很容易粗糙不平，喷射后尽快用铝合金刮尺刮平。喷射过程中，要及时检查喷射混凝土表面是否有松动、开裂、下坠、滑移等现象，如果发生，应及时铲除，重新喷射。

（9）混凝土面层应及时养护，防止阳光暴晒，喷射混凝土终凝 2h 后洒水养护，7d 内每天不少于 8 次，7d 后每天不少于 6 次，养护 15～20d。当气温低于 5℃时，不得洒水养护，需用湿草帘覆盖，并应采取防冻措施。

（10）每工作班留做试块不少于两组：一组为现场同条件试块，一组为标准养护 28d 试块。

2.5 外包型钢施工

2.5.1 施工工艺流程
外包型钢施工工艺流程如图 2-7 所示。

打磨 → 就位、焊接 → 封闭 → 灌浆 → 抹水泥砂浆保护层

图 2-7 外包型钢施工工艺流程

2.5.2 施工方法

外包型钢加固砌体柱方法也称干式包钢加固法,在构件四角或两个角部包以角钢并焊接缀板,如图 2-8 所示。

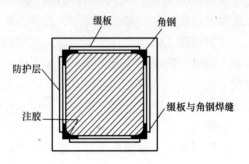

图 2-8 外包型钢加固柱

(1) 打磨:被加固的构件表面打磨平整,角打磨成圆弧形,清理干净,刷一层环氧树脂浆液,角钢除锈。

(2) 就位、焊接:角钢就位,用卡具将角钢卡贴于构件预定部位,并校准、卡紧,相互焊接连接。

(3) 封闭:用环氧胶泥将角钢四周封闭,留出排气孔和灌浆孔,粘贴灌浆嘴,间距 2.0~3.0m,通气试压。

(4) 灌浆:用灌浆泵以 0.2~0.4MPa 的压力将环氧树脂从灌浆嘴压入,当排气孔出现浆液后停止加压,将排气孔封堵,再维持低压 10min 以上,停止灌浆。

(5) 灌浆后不要扰动角钢,待其环氧树脂凝固达到一定强度后,拆除卡具,构件表面进行装饰。

(6) 抹 25mm 厚保护层,水泥砂浆找平。

2.6 加大截面施工

2.6.1 施工工艺流程

加大截面施工工艺流程如图 2-9 所示。

清理、修整原构件 → 绑扎钢筋 → 界面处理 → 喷射混凝土或支模浇筑混凝土 → 养护

图 2-9 加大截面施工工艺流程

2.6.2 施工方法

砂浆强度等级大于 M10，砂浆层厚度应不小于 40mm，新增混凝土强度等级应大于 C20。混凝土层的最小厚度，采用人工浇筑时，不应小于 60mm；采用喷射混凝土施工时，不应小于 50mm。加固用的钢筋，应采用热轧钢筋，受力钢筋直径不应小于 14mm，箍筋直径不应小于 8mm，间距不宜大于 250mm，并在柱顶和柱底加密。当用混凝土围套加固时，应设置环形箍筋，如图 2-10 所示，由于箍筋的约束作用有效地提高了构件的承载能力，箍筋的体积配箍率不应低于 0.1％。原柱截面尺寸大于 490mm² 时，宜设置锚筋与砖柱连接，锚筋间距不大于 500mm。

柱的新增纵向受力钢筋的下端应伸入基础，并应满足锚固要求，如图 2-10 所示。上端应穿过楼板与上层柱脚连接或在屋面板处封顶锚固。

加固常采用以下两种方法：

（1）新旧砌体咬槎结合：如图 2-11（a）所示，在旧砌体上每隔 4～5 皮砖，剔去旧砖成 120mm 深的槽，砌筑扩大砌体时应将新砌体与之仔细连接，新旧砌体成锯齿形咬槎，可以保证共同工作。

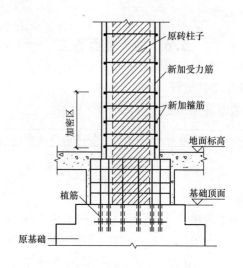

图 2-10　增大截面加固柱基础

（2）插筋连接：在原有砌体上每隔 5～6 皮砖，在灰缝内打入 $\phi 6$ 钢筋，也可以用冲击钻在砖上打洞，用 M5 水泥砂浆植筋，砌筑砌体时，钢筋嵌于灰缝之中，如图 2-11（b）所示。

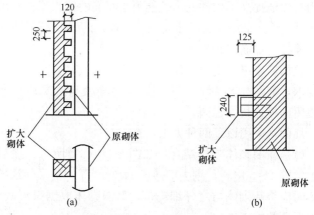

图 2-11　扩大砌体截面加固构造

50

2.6.3　施工要点

（1）原构件表面处理，清除原装置层和抹灰层，清理干净。

（2）新设受力筋除锈处理，绑扎钢筋，必要时对上部荷载卸荷或支顶后焊接。

（3）砖柱表面涂混凝土界面剂处理。

（4）采用喷射混凝土或支模浇筑混凝土施工。

2.7　增加圈梁或拉杆施工

2.7.1　施工方法

当纵横墙连接较差时，可采用钢拉杆、长锚杆、外加柱或外加圈梁等加固。当以上设置不符合鉴定要求时，应增设圈梁。外墙圈梁宜采用现浇钢筋混凝土，内墙圈梁可用钢拉杆或在圈梁端加锚杆代替。增设时可在墙体凿通一洞口（宽120mm），在浇筑圈梁时，同时镶入混凝土使圈梁咬合于墙体上。具体做法如图 2-12 所示。

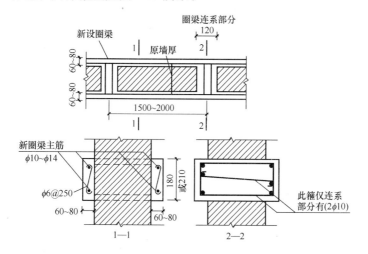

51

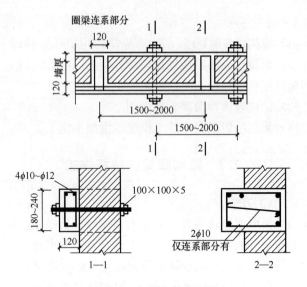

图 2-12　加固砌体的圈梁

2.7.2　圈梁加固施工要求

（1）增设圈梁应优先选用现浇钢筋混凝土圈梁，在特殊情况下，也可采用型钢圈梁。

（2）混凝土强度等级不应低于 C20，圈梁截面高度不应小于 180mm，宽度不应小于 120mm。

（3）外加圈梁应在同一水平标高闭合。

（4）增设圈梁应与墙体有可靠连接。

2.7.3　增设拉杆施工要求

墙体因受水平推力、基础不均匀沉降或温度变化引起的伸缩等原因而产生外闪，或者因内外墙咬槎不良而裂开，可以增设拉杆，如图 2-13 所示。拉杆可采用圆钢或型钢@200～250mm。为了使圈梁与墙体很好地结合，可用螺栓、插筋锚入墙体（每隔 1.5～2.5m）。如果采用钢筋拉杆，应当通长拉结，并可沿墙的两边设置。对较长的拉杆，中间应设花篮螺栓，以便拧紧拉杆，拉杆接长时可用焊接。露在墙外的拉杆或垫板螺母，应做防锈处理；为了美观，也可适当做些建筑处理。增设拉杆的同时也可以同时增设圈梁，以增强加固效果，并且要将拉杆的外部埋入圈梁中。

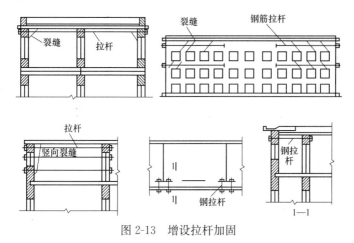

图 2-13　增设拉杆加固

2.8　外粘贴碳纤维施工（楼板）

2.8.1　施工工艺流程

外粘贴碳纤维施工工艺流程如图 2-14 所示。

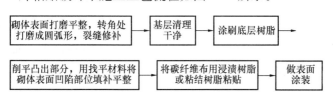

图 2-14　外粘贴碳纤维施工工艺流程

2.8.2 施工方法

（1）把构件表面装饰层和抹灰层凿掉，用压缩空气将表面浮尘清除干净，疏松、损伤部位应用环氧砂浆修补平整，裂缝部位应进行封闭处理或灌浆处理。

（2）表面找平：砌体表面凹陷部位用修补胶填平，有高度差的部位应用修补胶填补，尽量减少高度差；转角的处理应用整平胶料将其修补为光滑的圆弧，半径不小于 10mm；砌体表面凸出部位用砂轮磨平。

（3）涂底胶：先在砌体表面均匀饱满地涂一层界面剂，然后再涂刷胶粘剂，将胶粘剂甲乙组分按说明书比例的质量称好，放在洁净的容器中调合均匀，用刮板将它均匀地涂在砌体表面，待其固化后（固化时间视现场气温而定，以指触干燥为准）再进行下一工序施工；调好的底胶须在规定的时间内用完，一般情况下 40min 内用完。

（4）粘贴碳纤维布：按设计要求的尺寸裁剪碳纤维布；配好的胶放在洁净的容器中调合均匀，用刮板将胶均匀地涂刮在底胶上需粘贴碳纤维布处，随即把按设计要求已裁剪好的碳纤维布粘贴在设计部位，然后用专用滚子沿碳纤维布的受力方向来回滚压，挤出气泡，在搭接、拐角部位适当多涂抹一些；待指触干燥后，即可进行第二道碳纤维布的粘贴，方法同第一道；碳纤维布的搭接长度一般为 100mm，端部用横向碳纤维布固定。

（5）碳纤维布粘贴完毕，待指压干燥后，再刮涂一层面胶，来回滚压，使胶充分渗入到碳纤维布中。

（6）待面胶指触干燥后，在最外一层碳纤维布的外表面均匀涂抹一层粘贴胶料，有利于表面保护层（防火涂料或水泥砂浆）。

54

3 钢结构加固

3.1 钢构件增大截面工程

3.1.1 施工工艺流程

钢结构增大截面施工工艺流程如图 3-1 所示。

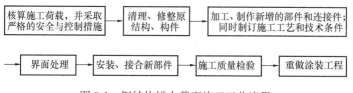

图 3-1 钢结构增大截面施工工艺流程

3.1.2 施工方法

1. 准备工作

（1）雨雪天气条件下禁止露天焊接；在 4 级以上风力焊接时，应采取挡风措施。

（2）负荷状态下钢构件增大截面工程，应要求由具有相应技术等级资质的专业单位进行施工，其焊接作业必须由取得相应位置施焊的焊接合格证、且经过现场考核合格的焊工施焊。

2. 界面处理

（1）原结构、构件的加固部位经除锈和修整后，其表面应显露出金属光泽，且不应有明显的凹面或损伤；若有划痕，其深度不得大于 0.5mm。

（2）待焊区钢材焊接面应无明显凹面、损伤和划痕，对原有的焊疤、飞溅物及毛刺应清除干净。

（3）加固施焊前应复查待焊区间及其两端以外各 50mm 范围内的清理质量；若有新锈，或新沾的尘土、油迹及其他污垢，应重新进行清理。

3. 新增钢部件加工

（1）钢材的切割面或剪切面应无裂纹、夹渣、分层和大于 1mm 的缺棱。

（2）气割或机械剪切的零部件，需要进行边缘加工时，其刨削量不应小于 2.0mm。

（3）当采用高强度螺栓连接时，钢结构制作和安装单位应按现行国家标准 GB 50205－2001《钢结构工程施工质量验收规范》附录 B 的规定分别进行高强度螺栓连接摩擦面的抗滑移系数试验和复验；现场处理的构件摩擦面应单独进行摩擦面抗滑移系数试验，其结果应符合设计要求；用砂轮打磨局部摩擦面时，应以打磨范围不小于螺栓孔径的 4 倍，且打磨方向应与构件受力方向垂直。

（4）A、B 级螺栓孔（Ⅰ类孔）应具有 H12 的精度；C 级螺栓孔（Ⅱ类孔）的孔径允许偏差为 $^{+1}_{0}$mm；A、B 级螺栓孔的孔壁表面粗糙度 R_a 不应大于 12.5μm；C 级螺栓孔（Ⅱ类孔），孔壁表面粗糙度 R_a 不应大于 25μm。

（5）气割的偏差不应大于表 3-1 对允许偏差的规定。

表 3-1 气割的允许偏差

检 查 项 目	允 许 偏 差
零部件宽度、长度	+1.0mm −3.0mm

检 查 项 目	允 许 偏 差
切割面平面度	0.05t，且不应大于 2.0mm
割纹深度（表面粗糙度）	0.5mm
局部缺口深度	1.0mm

注：1 t 为切割面厚度。

2 对重要加固部位，表面粗糙度应不大于 0.3mm。

（6）机械剪切的偏差不应大于表 3-2 对允许偏差的规定值。

表 3-2 机械剪切的允许偏差（mm）

项　　目	允 许 偏 差
零件宽度、长度	+1.0 -3.0
边缘缺棱	1.0
型钢端部垂直度	2.0

（7）边缘加工偏差不应大于表 3-3 对允许偏差的规定。

表 3-3 边缘加工允许偏差

项　　目	允 许 偏 差
零件宽度、长度	+0.5mm -1.0mm
加工边直线度	$l/3000$，且不大于 2.0mm
相邻两边夹角	±0.5°
加工面垂直度	0.025t，且不应大于 0.5mm
加工面表面粗糙度	一般部位 $\frac{50}{\bigtriangledown}$ ；嵌入部位 $\frac{25}{\bigtriangledown}$

注：t 为钢板边缘厚度，l 为钢板长度。

（8）螺栓孔孔距的偏差应符合现行国家标准 GB 50205—

2001《钢结构工程施工质量验收规范》中允许偏差的规定。

4. 新增部件安装、拼接施工

1）在负荷下进行钢结构加固时，必须制定详细的施工技术方案，并采取有效的安全措施，防止被加固钢构件的结构性能受到焊接加热、补加钻孔、扩孔等作业的损害。

2）新增钢构件与原结构的连接采用焊接时，必须制定合理的焊接顺序和施焊工艺，其制定原则应符合下列要求：

（1）应根据原构件钢材材质，选用相适应的低氢型焊条，其直径不宜大于 4.0mm。

（2）焊接电流不宜大于 200A。

（3）应采用合理的焊接工艺，并采取有效控制焊接变形的措施；施焊顺序应能使输入热量对构件的中和轴平衡。

3）在负荷下采用焊接方法对钢结构构件进行加固时，应先将加固件与被加固件沿全长互相压紧，并用长 20mm、间距 300~500mm 的定位焊缝焊接点焊后，再由加固件端部向内划分区段（每段不大于 70mm）进行施焊，每焊好一个区段，应间歇 3~5min；对于截面有对称的成对焊缝，应平行施焊；当有多条焊缝时，应按交错顺序施焊；对上下侧有加固件的截面，应先施焊受拉侧的加固件，然后施焊受压侧的加固件；对一端为嵌固的受压杆件，应从嵌固端向另一端施焊；若为受拉杆，则应从非嵌固的一端向嵌固端施焊。

4）采用螺栓（或铆钉）连接新增钢板件时，应先将原构件与被加固板件相互压紧，然后从加固板件端部向中间逐个制孔并随即安装、拧紧螺栓（或铆钉）。

5）高强度螺栓连接副的施拧顺序和初拧、复拧扭矩应符合设计要求和现行行业标准 JGJ 82—2011《钢结构高强度螺栓连接技术规程》的规定。

6）采用增大截面法加固静不定结构时，应首先将全部加固件与被加固构件压紧并点焊定位，然后按规范有关要求从受力最大构件依次连续地进行加固连接。

3.1.3 施工质量检验

（1）设计要求全焊透的一、二级焊缝应采用超声波探伤进行内部缺陷的检验；超声波探伤不能对缺陷作出判断时，应采用射线探伤。探伤时，其内部缺陷分级应符合现行国家标准 GB/T 11345—2013《焊缝无损检测 超声检测 技术、检测等级和评定》和 GB/T 3323—2005《金属熔化焊焊接接头射线照相》的规定。

（2）焊缝外观质量的检查与评定应符合表 3-4 的规定。

表 3-4　焊缝外观质量检查与评定标准

应检查的外观缺陷名称	合格评定标准		
	一级	二级	三级
裂纹、焊瘤、弧坑、未熔合、烧穿、接头不良	不允许		
夹渣	不允许	不允许	允许有深度不大于 0.2t 的夹渣
表面气孔	不允许	不允许	允许有直径不大于 2.0mm 的气孔，但每 50mm 焊缝长度上不得多于 2 个
电弧擦伤	不允许	不允许	允许存在个别电弧擦伤
根部收缩	不允许	允许有深度不大于 0.4mm 的根部收缩	允许有深度不大于 0.6mm 的根部收缩

应检查的外观缺陷名称		合格评定标准		
		一级	二级	三级
咬边	不修磨焊缝	不允许	允许有深度不大于0.5mm 的咬边，但焊缝两侧咬边总长不得大于焊缝总长的 10%	允许有深度不大于1.0mm 的咬边，长度不限
	需修磨焊缝	不允许有咬边	不允许有咬边	（无此情形）

注：1　表中 t 为连接处较薄的板厚。

　　2　三级对接焊缝应按二级焊缝标准进行外观缺陷的检查与评定。

　　3　本表的合格评定标准仅适用于结构加固工程及其常用的板厚；当板厚（t）>15mm 时，应按现行国家标准 GB 50205—2001《钢结构工程施工质量验收规范》评定。

（3）高强度大六角头螺栓连接副终拧完成 1h 后的 48h 内应进行终拧扭矩检查；检查结果应符合现行国家标准 GB 50205—2001《钢结构工程施工质量验收规范》的规定。

（4）扭剪型高强度螺栓连接副终拧后，除因构造原因无法使用专门扳手拧掉梅花头外，未在终拧中拧掉梅花头的螺栓数不应多于该节点螺栓数的 5%；对所有梅花头未拧掉的扭剪型高强度螺栓连接副应采用扭矩法或转角法进行终拧并作标记，且应进行终拧扭矩检查。

（5）焊缝的尺寸偏差应符合现行国家标准 GB 50205—2001《钢结构工程施工质量验收规范》的规定。

（6）焊缝的焊波应均匀；焊缝与焊道、焊道与基本金属间过渡应较平滑；焊渣和飞溅物应基本清除干净。

（7）高强度螺栓连接副终拧后，螺栓丝扣外露应为 2 扣或 3 扣，其中允许有 10% 的螺栓丝扣外露 1 扣至 4 扣。

3.2 钢件焊缝补强施工

3.2.1 施工工艺流程

钢构件焊缝补强工程的施工工艺流程如图 3-2 所示。

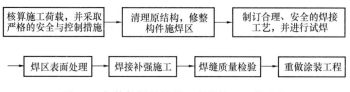

图 3-2 钢构件焊缝补强工程的施工工艺流程

3.2.2 施工方法

1. 准备工作

1）负荷状态下焊缝连接补强施工，其现场环境应符合下列规定：

（1）施焊镇静钢板的厚度不大于 30mm 时，不应低于 -15℃；当厚度超过 30mm 时，不应低于 0℃。

（2）施焊沸腾钢板时，不应低于 5℃。

2）雨雪天气时，严禁露天焊接；4 级以上风力时，焊接作业区应有挡风措施。

3）对负荷状态下焊缝补强施焊的焊工要求，必须符合规范的有关规定。

2. 焊区表面处理

1）钢构件焊缝补强工程施焊前，应清除待焊区间及其两端以外各 50mm 范围内的尘土、漆皮、涂料层、铁锈及其他污垢，并打磨至露出金属光泽。

2）当发现旧焊缝或其母材有裂纹时，应按规范规定的修补方法进行修复。

3）施焊前，焊接作业人员应复查钢构件焊区表面处理的质量，并做好检查记录。若不符合要求，应经重新修整后方可施焊。钢构件焊区表面若有冷凝水或结冰现象时，应经清除和烘干后方可施焊。

3. 焊缝补强施工

1）在下列情况下，焊接补强施工，应先进行焊接工艺试验：

（1）原构件钢材的品种和钢号系加固施工单位首次使用。

（2）补强用的焊接材料型号需要改变。

（3）焊接方法需要改变，或因焊接设备的改变而需要改变焊接参数。

（4）焊接工艺需要改变。

（5）需要预热、后热或焊后需作热处理。

2）负荷状态下的焊接施工，应先对结构、构件最薄弱部位进行补强，并应采取下列措施：

（1）对立即能起到补强作用，且对原结构影响较小的部位应先施焊。

（2）当需加大焊缝厚度时，应从原焊缝受力较小的部位开始施焊，且每次施焊的焊缝厚度不宜大于 2mm。

（3）根据原构件钢材的品种，选用相应的低氢型焊条，且焊条直径不宜大于 4mm。

（4）焊接电流不宜大于 200A。

（5）当需多道施焊时，层间温度差应低于 100℃。

3）当用双角钢与节点板角焊缝连接加固焊接时（图 3-3），应先从一角钢一端的肢尖"1"开始，沿箭头方向施焊，继而施焊同一角钢另一端"2"的肢尖焊缝，再按图中顺序施焊角钢的肢背焊缝"3"和"4"，以及另一角钢的焊缝"5"、"6"、"7"和"8"。即从一角钢上端受力较小的肢尖焊缝加固施焊，再焊此角钢另一端的肢尖焊缝，然后依次施焊其两端肢背的拉应焊缝。

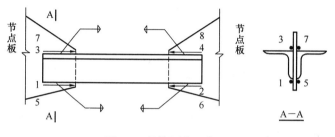

图 3-3 焊接顺序示意图

3.2.3 施工质量检验

（1）对一级、二级焊缝应进行焊缝探伤，其探伤方法及探伤结果分级应符合现行国家标准 GB 50205－2001《钢结构工程施工质量验收规范》的规定。

（2）焊缝的外观质量以及焊缝尺寸偏差的检查结果应符合规范规定。

（3）焊缝的焊波应均匀；焊缝与焊道、焊道与基本金属间过渡应较平滑；焊接完成后，应将焊渣和飞溅物清理干净。

4 混凝土、砌体、钢结构裂缝修补

4.1 混凝土结构裂缝修补

4.1.1 混凝土结构裂缝修补一般方法

1. 表面封闭法修补

1) 表面涂抹水泥砂浆

将裂缝附近的混凝土表面凿毛，或沿裂缝（深进的）凿成深 15～20mm、宽 150～200mm 的凹槽，扫净并洒水湿润，先刷水泥净浆一遍，然后用 1:（1～2）水泥砂浆分 2～3 层涂抹，总厚度控制在 10～20mm，并用铁抹压实抹光。有防水要求时，应用水泥净浆（厚度 2mm）和 1:2.5 水泥砂浆（厚度 4～5mm）交替抹压 4～5 层刚性防水层，涂抹 3～4h 后进行覆盖，洒水养护。在水泥砂浆中掺入水泥质量 1%～3% 的氯化铁防水剂，可以起到促凝和提高防水性能的效果。为使砂浆与混凝土表面结合良好，抹光后的砂浆面应覆盖塑料薄膜，并用支撑模板顶紧加压。

2) 表面涂抹环氧胶泥或用环氧粘贴玻璃布

涂抹环氧胶泥前，先将裂缝附近 80～100mm 宽度范围内的灰尘、浮渣用压缩空气吹净，或用钢丝刷、砂纸、毛刷清除干净并洗净，油污可用二甲苯或丙酮擦洗一遍。若表面潮湿，应用喷灯烘烤干燥、预热，以保证环氧胶泥与混凝土粘结良好；若基层难以干燥，则用环氧煤焦油胶泥（涂料）

涂抹，较宽的裂缝应先用刮刀填塞环氧胶泥。涂抹时，用毛刷或刮板均匀蘸取胶泥，并涂刮在裂缝表面。采用环氧粘贴玻璃布方法时，玻璃布使用前应在水中煮沸 30～60min，再用清水漂净并晾干，以除去油蜡，保证粘结，一般粘贴 1～2 层玻璃布；粘贴第二层玻璃布的周围应比第一层玻璃布的周围宽 10～15mm 以便压边。

3）表面凿槽嵌补

沿混凝土裂缝凿一条深槽，其中 V 形槽用于一般裂缝的治理，U 形槽用于渗水裂缝的治理。槽内嵌水泥砂浆或环氧胶泥、聚氯乙烯胶泥、沥青油膏等，表面做砂浆保护层。具体构造处理如图 4-1 所示。

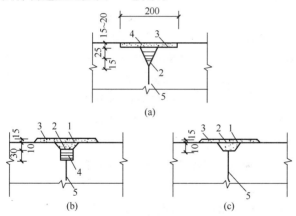

图 4-1　表面凿槽嵌补裂缝的构造处理

(a) 一般裂缝处理；(b)、(c) 渗水裂缝处理

1—水泥净浆（厚度为 2mm）；2—1∶2 水泥砂浆或环氧胶泥；
3—1∶2.5 水泥砂浆或刚性防水五层做法；4—聚氯乙烯
胶泥或沥青油膏；5—裂缝

槽内混凝土面应修理平整并清洗干净，不平处用水泥砂浆填补。保持槽内干燥否则应先导渗、烘干，待槽内干燥后再行嵌补。环氧煤焦油胶泥，可在潮湿情况下填补，但不能有淌水现象。嵌补前，先用素水泥浆或稀胶泥在基层刷一道，再用抹子或刮刀将砂浆（或环氧胶泥、聚氯乙烯胶泥）嵌入槽内压实，最后用 1：2.5 水泥砂浆抹平压光。在侧面或顶面嵌填时，应使用封槽托板（做成凸字形表面钉薄钢板）逐段嵌托并压紧，待凝固后再将托板去掉。

2. 压力注浆法修补

1）水泥灌浆

一般用于大体积构筑物裂缝的修补，主要施工程序包括以下各项：

（1）钻孔。采用风钻或打眼机钻孔，孔距 1～1.5m，除浅孔采用骑缝孔外，一般钻孔轴线与裂缝呈 30°～45°斜角，如图 4-2 所示。孔深应穿过裂缝面 0.5m 以上，当有两排或两排以上的孔时，应交错或呈梅花形布置，但应注意防止沿裂缝钻孔。

（2）冲洗。每条裂缝钻孔完毕后，应进行冲洗，其顺序按竖向排列自上而下逐孔进行。

（3）止浆及堵漏。缝面冲洗干净后，在裂缝表面用 1：1～1：2 水泥砂浆，或用环氧胶泥涂抹。

（4）埋管。一般用直径 19～38mm、长 1.5m 的钢管做灌浆管（钢管上部加工丝扣）。安装前应在外壁裹上旧棉絮并用麻丝缠紧，然后旋

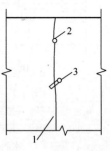

图 4-2 钻孔示意图
1—裂缝；2—骑缝孔；
3—斜孔

入孔中。孔口管壁周围的孔隙可用旧棉絮或其他材料塞紧，并用水泥砂浆或硫黄砂浆封堵，以防冒浆或灌浆管从孔口脱出。

（5）试水。用 0.1～0.2MPa 压力水作渗水试验。采取灌浆孔压水、排气孔排水的方法，检查裂缝和管路畅通情况。然后关闭排气孔，检查止浆堵漏效果，并湿润缝面，以利粘结。

（6）灌浆。应采用普通水泥，细度要求经 6400 孔/cm² 筛孔，筛余量在 2% 以下。可使用 2:1、1:1 或 0.5:1 等几种水灰比的水泥净浆或 1:0.54:0.3（水泥：粉煤灰：水）水泥粉煤灰浆，灌浆压力一般为 0.3～0.5MPa。压完浆孔内应充满灰浆，并填入湿净砂用棒捣实。每条裂缝应按压浆顺序依次进行。若出现大量渗漏情况，应立即停泵堵漏，然后再继续压浆。

2）化学灌浆

常用的灌浆材料有环氧树脂浆液（能修补缝宽 0.2mm 以下的干燥裂缝），其具有化学材料较单一、易于购买、施工操作方便、粘结强度高、成本低、应用最广等优点。

环氧树脂浆液操作主要工序如下：

（1）表面处理。同环氧胶泥表面涂抹。

（2）布置灌浆嘴和试气。一般采取骑缝直接用灌浆嘴施灌，而不另钻孔。灌浆嘴用 ϕ12mm 薄钢管制成，一端带有钢丝扣以连接活接头。应选择在裂缝较宽处、纵横裂缝交错处以及裂缝端部设置，间距为 40～50cm，灌浆嘴骑在裂缝中间。贯通裂缝应在两面交错设置。灌浆嘴用环氧腻子贴在裂缝压浆部位。腻子厚度 1～2mm，操作时要注意防止堵塞裂缝。裂缝表面可用环氧腻子（或胶泥）或早强砂浆进行封闭。待环氧腻子硬化后，即可进行试气，了解缝面通顺情况。试气时，气压保持 0.2～0.4MPa，垂直缝从下往上，水平缝从一端向另一端。在封闭带边上及灌浆嘴四周涂肥皂水检查，若发现泡沫，表示漏气，应再次封闭。

（3）灌浆及封孔。将配好的浆液注入压浆罐内，旋紧罐口，先将活头接在第一个灌浆嘴上，随后开动空压机（气压一般为 0.3～0.5MPa）进行送气，即将环氧浆液压入裂缝中，经 3～5min，待浆液顺次从邻近灌浆嘴喷出后，即用小木塞将第一个灌浆孔封闭，然后按同样方法依次灌注其他嘴孔。为保持连续灌浆，应预备适量的未加硬化剂的浆液，以便随时加入乙二胺随时使用。灌浆完毕，应及时用压缩空气将压浆罐和注浆管中残留的浆液吹净，并用丙酮冲洗管路及工具。环氧浆液一般在 25℃下，经 16～24h 即可硬化。在浆液硬化 12～24h 后，可将灌浆嘴取下重复使用。灌浆时，操作人员要戴防毒口罩，以防中毒。配制环氧浆液时，应根据气温控制材料温度和浆液的初凝时间（1h 左右），以免浪费材料。在缺乏灌浆泵时，较宽的平、立面裂缝亦可用手压泵或兽医用注射器进行。

3. 填充密封法修补

填充密封法适合于修补中等宽度的混凝土裂缝，将裂缝表面凿成凹槽，然后用填充材料进行修补。对于稳定性裂缝，通常用普通水泥砂浆、膨胀砂浆或树脂砂浆等刚性材料填充；对于活动性裂缝则用弹性嵌缝材料填充。

1）刚性材料填充法施工要点：

（1）沿裂缝方向凿槽，缝口宽不小于 6mm。

（2）清除槽口油、污物、石屑、松动石子等，并冲洗干净。

（3）采用水泥砂浆填充（槽口湿水）或采用环氧胶泥、热焦油、聚酯胶、乙烯乳液砂浆充填（槽口应干燥）。

2）弹性材料填充法施工要点：

（1）沿裂缝方向凿一个矩形槽，槽口宽度至少为裂缝预计张开量的 4～6 倍以上，以免嵌缝料过分挤压而开裂。槽口两侧应凿毛，槽底平整光滑，并设隔离层，使弹性密封材料不直接与混凝土粘结，避免密封材料被撕裂。

（2）冲洗槽口，并使其干燥。

（3）嵌入聚乙烯片、蜡纸、油毡、金属片等类隔离层材料。

（4）填充丙烯酸树脂或硅酸酯、聚硫化物、合成橡胶等弹性密封材料。

3）刚、弹性材料填充法施工要点：

刚、弹性材料填充法适于裂缝处有内水压或外水压的情况，做法如图 4-3 所示。槽口深度等于砂浆填塞料与胶质填塞料厚度之和，胶质填塞料厚度通常为 6～40mm，槽口厚度不小于 40mm，槽口宽度为 50～80mm，封填槽口时必须清洁干燥。

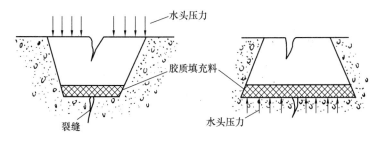

图 4-3 有水压时裂缝的填充

在相应裂缝位置的砂浆层上应做楔形松弛缝，以适应裂缝的张合运动。

4. 混凝土结构裂缝施工处理与检验

1）采用注射法施工时，应按下列要求进行处理及检验：

（1）在裂缝两侧的结构构件表面应每隔一定距离粘接注射筒的底座，并沿裂缝的全长进行封缝。

（2）封缝胶固化后方可进行注胶操作。

（3）灌缝胶液可用注射器注入裂缝腔内，并应保持低压、稳压。

（4）注入裂缝有胶液固化后，可撤除注射筒及底座，并用砂轮磨平构件表面。

（5）采用注射法的现场环境温度及构件温度不宜低于12℃，且不应低于5℃。

此方法适用于宽度为 0.1～1.5mm 的静态独立裂缝。

2）采用压力注浆法施工时，应按下列要求进行处理及检验：

（1）进行压力注浆前应骑缝或斜向钻孔至裂缝深处，并埋设注浆管。注浆嘴应埋设在裂缝端部、交叉处和较宽处，间隔为 300～500mm，对贯穿性深裂缝应每隔 1～2m 加设一个注浆管。

（2）封缝应使用专用的封缝胶，胶层应均匀，无气泡，无砂眼，厚度大于 2mm，与注浆嘴连接密封。

（3）封缝胶固化后，应使用洁净无油的压缩空气试压，确认注浆通道是否通畅，密封，无泄漏。

（4）注浆应按由宽到细、由一端到另一端、由低到高的顺序依次进行。

（5）缝隙全部注满后应继续稳定压力一定时间，待吸浆率小于 50ml/h 后停止注浆，关闭注浆嘴。

3）采用填充密封法施工时，应按下列要求进行处理及检验：

（1）进行填充密封前应沿裂缝走向骑缝开凿 V 形槽或 U 形槽，并仔细检查凿槽质量。

（2）当有钢筋锈胀裂缝时，凿出全部锈蚀部分，并进行除锈和防锈处理。

（3）当需设置隔离层时，U 形槽的槽底应为光滑的平底，槽底铺设隔离层（图 4-4）。隔离层应紧贴槽底，且不应吸潮膨胀，填充材料不应与基材相互反应。

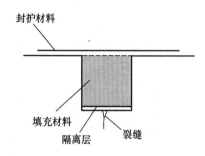

图 4-4 裂缝处开 U 形槽充填修补材料

（4）向槽内灌注液态密封材料应灌至微溢并抹平。

（5）静止的裂缝和锈蚀裂缝可采用封口胶或修补胶等进行填充，并用纤维织物或弹性涂料封护；活动裂缝可采用弹性和延性良好的密封材料进行填充封护。

4.1.2 常见混凝土结构（板、梁、柱）裂缝与处理措施

1. 预应力混凝土空心板裂缝与处理措施

预应力混凝土空心板裂缝的特点、原因与预防措施，见表 4-1。

表 4-1　预应力混凝土空心板裂缝的特点、原因与预防措施

裂缝位置	特　点	原　因	预防措施
预应力混凝土空心板板面纵向裂缝	发生在采用拉模生产工艺的空心板，一般多在拉抽钢管时发生，裂缝的位置就在空心孔洞的上方，沿板面纵向分布，属塑性坍落裂缝	(1) 混凝土水灰比较大。 (2) 拉抽钢管时管子有上下跳动现象。 (3) 拉抽钢管速度不均匀等	(1) 采用适宜的配合比（控制水灰比或坍落度）。 (2) 拉抽钢管时，速度应均匀；避免偏心受力，并防止管子产生上下跳动现象
预应力混凝土空心板板面横向裂缝	多发生在混凝土终凝后和养护期间，特点是板面横向裂缝每隔一段距离就出现一条，深度一般不超过板的上翼缘厚度	(1) 塑性收缩裂缝，即在混凝土浇筑后未及时采取防晒、防大风及潮湿养护措施。由于气候干燥温差较大，混凝土产生塑性收缩所造成。 (2) 超张拉应力裂缝，即预应力钢筋发生过量超张拉现象	(1) 加强混凝土的潮湿养护，避免暴晒。 (2) 控制好预应力钢筋的张拉应力，避免过量超张拉
预应力混凝土空心板板底纵向裂缝	多在混凝土硬化后数十天甚至数月、数年内出现。特点是裂缝多沿纵向钢筋分布，且随时间的增长，裂缝有进一步发展的趋势，这种裂缝一般属钢筋锈蚀裂缝	大多是由于混凝土保护层过薄或使用外加剂不当引起钢筋锈蚀所致	(1) 严格控制混凝土保护层厚度（即钢筋位置）。 (2) 选用性能优良的、不使钢筋锈蚀的外加剂

裂缝位置	特　　点	原　　因	预防措施
预应力混凝土空心板板底横向裂缝	多发生在起吊、运输或上房以后。特点是裂缝垂直于板跨，一般多在跨中，有一条或数条裂缝，其裂缝宽度一般较窄，裂缝高度一般不超过板高的 2/3	（1）起吊时，台座吸附力过大。 （2）运输过程中支点不当或猛烈振动。 （3）施工过程中出现超载。 （4）混凝土强度过低或质量低劣。因此这种裂缝属荷载引起的应力裂缝。	（1）采用性能良好的模板隔离剂。 （2）运输过程中将空心板支座垫好，并防止运输时出现猛烈振动。 （3）施工过程中防止超载。 （4）提高混凝土质量
预应力混凝土空心板板底接缝裂缝	多在楼板粉刷交付使用后发生，有的甚至在使用数年后才发生	（1）如果这种裂缝发生在楼板底面，则是由于空心板板缝灌缝质量不佳所致。 （2）如果这种裂缝发生在层面板底面，则是由于层面保温层保温隔热性能不好，引起屋面板产生"温度起伏"或"温度变形"所致	（1）预应力混凝土空心板作为楼板时，应注意将板缝拉开，一般使空心板下口缝（即板底处）为 20～30mm，用 C20～C50 细石混凝土灌缝，并加强养护，以确保灌缝质量。 （2）预应力混凝土空心板作为屋面板时，设计上保温层应达到节能标准，施工时应确保质量，以减小层面板的温度变形

裂缝位置	特 点	原 因	预防措施
预应力混凝土空心板支座处裂缝	多在建筑物交付使用一段时间后出现： (1) 如果空心板支座处为矩形梁，则出现沿梁长的一条裂缝。 (2) 如果空心板支座处为花篮梁，则出现沿梁长的两条裂缝	目前楼板一般皆设计为简支，并且在支座处多未采取局部加强措施，因此，当楼板承受荷载后，由于楼板下挠致使支座处产生了拉应力（支座负弯矩引起），从而造成板端支座处的裂缝	(1) 搞好楼板的灌缝质量，提高楼板的整体受力性能。 (2) 在楼板支座处，沿梁长放置钢筋网片，以抵抗支座处的负弯矩

2. 预应力混凝土大型层面板裂缝与处理措施

预应力混凝土大型层面板裂缝的特点、原因与预防措施，见表 4-2。

表 4-2　预应力混凝土大型层面板裂缝的特点、原因与预防措施

裂缝位置	特 点	原 因	预防措施
预应力大型层面板板面横向裂缝	一般在混凝土终凝后或在养护期间发生	同预应力混凝土空心板板面横向裂缝	同预应力混凝土空心板板面横向裂缝
预应力大型层面板纵肋端部裂缝	(1) 裂缝多发生在预应力大型屋面板上房以后。	(1) 大型屋面板是按简支板设计的，但实际施工安装时，支座系三点焊接，因此支座有一定的嵌固约束作用，对板端产生一定的局部应力。	在板端肋部垂直于斜裂缝方向，各增加一根 $\phi 12$ 的斜向钢筋，此钢筋一端焊在板端预埋件

裂缝位置	特 点	原 因	预防措施
	（2）裂缝在纵肋的两端，近似45°的倾斜方向	（2）当屋面保温层设计标准偏低和施工质量不好时，屋面板将会产生一定的"温度起伏"，致使板端产生一定的局部应力。局部应力造成板端出现斜向裂缝	上，一端向上弯起，并锚固在板的上翼内
预应力大型层面板横肋角部裂缝	一般出现在板端横肋变断面处，呈45°的斜向裂缝。这种裂缝一般在端肋出现一处，严重者四个角可能同时出现	（1）在脱模起吊时，由于模板对构件的吸附力不均匀，造成构件不能水平同时脱模，后脱模的一角容易拉裂。（2）构件出池前，构件本身温差较大，使角部易产生裂缝。（3）横肋端部断面突变，易产生应力集中现象	（1）将变断面处的折线角改为圆弧形角，以减少应力集中。（2）在易裂缝区域，加长度为300mm、直径为$\phi6$构造钢筋以提高其抗裂性能和限制裂缝开展

3. 钢筋混凝土墙体常见裂缝与处理措施

钢筋混凝土墙体裂缝的特点、原因与预防措施，见表 4-3。

表 4-3　钢筋混凝土墙体裂缝的特点、原因与预防措施

裂缝位置	特 点	原 因	预防措施
钢筋混凝土墙板裂缝	（1）顶层重，下层轻。	（1）层面保温性能不好。	（1）按节能标准，做好屋面保温隔热设计和施工。

裂缝位置	特 点	原 因	预防措施
	(2) 两端重，中间轻。 (3) 向阳重，背阴轻，裂缝形状呈八字形，属于温度应力裂缝	(2) 混凝土强度偏低。 (3) 构造上及配筋处理不当	(2) 设计时加强顶层墙面的抵抗温度变化的构造措施，如在门窗洞口处加斜向钢筋，适当加强墙板的分布钢筋等。 (3) 施工中严格控制好混凝土的强度和水灰比，尽量减少混凝土的收缩变形
钢筋混凝土剪力墙裂缝	特点是裂缝多出现在剪力墙的上部，通常在混凝土浇筑后不久即产生	由于浇筑混凝土速度较快，造成混凝土产生收缩裂缝	控制混凝土的水灰比和浇筑速度，以减少混凝土收缩裂缝

4. 钢筋混凝土梁常见裂缝与处理措施

钢筋混凝土梁裂缝的特点、原因与预防措施，见表4-4。

表4-4 钢筋混凝土梁裂缝的特点、原因与预防措施

裂缝位置	特 点	原 因	预防措施
钢筋混凝土梁侧面垂直裂缝和水纹裂缝	多在拆模后一段时间出现： (1) 水纹状龟裂缝多在梁上下边缘出现，且沿梁全长呈非均匀分布，这种裂缝一般深度较浅，属表层裂缝。	(1) 产生水纹裂缝的原因是模板浇水不够，特别是采用了未经水湿透的木模时，容易产生此类裂缝。	加强潮湿养护，防止暴晒

裂缝位置	特 点	原 因	预防措施
	（2）竖向裂缝一般沿梁长度方向每隔一段有一条，其裂缝高度严重者可能波及整个梁高，裂缝形状有时呈"中间大两头小"的枣形裂缝，其深度大小不一，严重者裂缝深度可在10～20mm	（2）产生竖向裂缝的原因是，混凝土养护时浇水不够，特别是在模板拆除后，未做潮湿养护，或因天气炎热，在阳光暴晒的情况下，容易产生上述裂缝，属混凝土塑性收缩和干缩裂缝	加强潮湿养护，防止暴晒
钢筋混凝土梁顺筋裂缝	一般多在交付使用一段时间后出现。特点是在梁下部侧面或底面钢筋部位出现顺筋裂缝，裂缝随时间的增长有逐渐发展的趋势	钢筋锈蚀，氧化铁膨胀所致	加强防腐、防锈保护，防止雨水冲刷
钢筋混凝土集中荷载处斜向裂缝	多在主次梁结构体系中发生。特征是在次梁与主梁交接处，次梁下面两侧出现斜向裂缝，这种裂缝属荷载作用裂缝	（1）混凝土强度过低。（2）加密箍筋或吊筋配置不足。（3）吊筋上移所致	按规范规定设计横向钢筋，施工时应确保混凝土施工质量和钢筋位置的准确
钢筋混凝土大梁两端裂缝	多在交付使用后出现。特点是裂缝分布在大梁两端，呈斜向裂缝，且上口大下口小	大梁两端有较大的约束造成的	在梁端配置一定数量的构造钢筋

裂缝位置	特 点	原 因	预防措施
钢筋混凝土圈梁、框架梁、基础梁裂缝	一般呈斜向裂缝，且多出现在跨中部位，但有时也可能出现在端部（例如框架梁），裂缝大部分贯穿整个梁高	由于地基不均匀下沉所引起，因此其裂缝的走向与地基不均匀沉降方向相一致	做好地基加固处理

5. 钢筋混凝土柱常见裂缝与处理措施

钢筋混凝土柱裂缝的特点、原因与预防措施，见表4-5。

表 4-5　钢筋混凝土柱裂缝的特点、原因与预防措施

裂缝位置	特 点	原 因	预防措施
钢筋混凝土柱水平裂缝及水纹裂缝	多在拆模时或拆模后发生。特点是水纹裂缝多沿柱四角出现，呈不规则的龟裂裂缝；严重者沿柱高每隔一段距离出现一条横向裂缝。这种裂缝宽度大小不一，轻者如发丝状，重者缝宽可达0.2～0.3mm，裂缝深度一般不超过30mm	(1) 模板干燥吸收了混凝土的水分，导致水纹裂缝。 (2) 天气炎热或未进行充分潮湿养护，导致横向裂缝	防止暴晒
钢筋混凝土柱顺筋裂缝	属钢筋锈蚀裂缝	同钢筋混凝土梁顺筋裂缝	同钢筋混凝土梁顺筋裂缝

裂缝位置	特 点	原 因	预防措施
钢筋混凝土柱纵向劈裂裂缝	在施工阶段或使用阶段皆可能发生。特点是一般在柱的中部出现纵向劈裂状裂缝,有时在柱头和柱根也可能出现	(1) 设计错误。(2) 混凝土强度过低。(3) 施工阶段或使用阶段超载	(1) 严格按照规范的规定设计。(2) 按规定选择混凝土强度等级。(3) 严禁超载
钢筋混凝土柱 X 形裂缝	一般多在地震发生后出现,属地震作用的剪切型裂缝	地震作用引起	做好结构抗震加固处理
钢筋混凝土柱柱头水平裂缝	在施工过程或使用过程中都可能发生。特点是水平裂缝多发生在梁柱交界处或无梁楼盖的柱帽下部	由于柱基不均匀下沉所致	做好桩基加固处理
钢筋混凝土柱内侧裂缝	一般发生在单层工业厂房的排架柱。特点是水平裂缝发生在内柱子的内侧,且多在上柱和下柱的根部出现。这种裂缝属少见裂缝	厂房内部地面荷载过大,从而导致柱基发生转动(倾斜)变形,致使钢筋混凝土柱产生一附加弯矩,当此附加弯矩产生的拉应力超过柱子混凝土抗拉强度时,柱内侧即产生裂缝	(1) 搞好柱基和地面设计,防止因地面荷载使柱基产生过大变形。(2) 防止在使用过程中地面超载

6. 钢筋混凝土挑檐、雨篷和阳台常见裂缝与处理措施

1) 钢筋混凝土挑檐裂缝

钢筋混凝土挑檐裂缝一般有两种：一种为沿挑檐长度方向每隔一段距离有一条横向裂缝，这种裂缝一般是外口大内口小，是楔形裂缝，且在挑檐拐角和转折处较为严重；另一种为挑檐根部的纵向裂缝。

第一种裂缝是由于温度和混凝土收缩所引起，在挑檐拐角和转折处较为严重，是由于该处还附加有应力集中的影响；第二种裂缝多是由于挑檐主筋下移或混凝土强度过低所致。

预防措施如下：

（1）严格控制混凝土水灰比或坍落度，在确保混凝土浇筑质量的情况下，适当减小水灰比。

（2）加强挑檐混凝土的潮湿养护，以减少混凝土的收缩。

（3）挑檐较长时，可每隔 30m 左右设置伸缩缝。

（4）施工时预留"后浇带"。预防第二种裂缝的措施是将挑檐主筋牢固固定，防止将主筋踩下。

2) 钢筋混凝土雨篷裂缝

一般出现在雨篷的根部，其原因多为主筋下移所致。

3) 钢筋混凝土阳台裂缝

一般发生在阳台根部，可以说是阳台质量的"常见病"，其原因是施工时主筋被踩，下移所致。

预防这种裂缝的措施，除应加强施工质量管理，防止主筋被踩下以外，主要还是应从设计构造上加以改进：

（1）阳台上部主筋多伸入阳台过梁（圈梁）内，由于阳台板一般低于室内 20～50mm，所以阳台主筋多从梁架立筋

下通过，阳台主筋在梁内无固定点，难以保证准确位置，一旦施工中被踩，即降低了阳台根部截面的有效高度，致使阳台的抗裂度和强度大大降低。

为了确保阳台主筋的正确位置，可在梁中增设 2 根 $\phi8$ 架立钢筋，用以固定阳台板的主筋。

(2) 对于悬挑较大的阳台，除采取上述措施外，应在其下部配钢筋，一方面可以固定上部主筋位置，另一方面也可抵抗地震时阳台根部产生的正弯矩。

7. 钢筋混凝土和预应力混凝土屋架常见裂缝与处理措施

1) 屋架端节点裂缝

(1) 裂缝的主要原因如下：

① 是豁口处产生应力集中：施工中支座偏里，使豁口处产生较大的次应力；受力钢筋锚固不良。

② 是上弦压应力集中，裂缝多与上弦平行。

③ 是屋架端部底面不平，与支座接触不良，造成屋架端部底面应力集中；屋架支座偏外，引起屋架端部底面产生附加拉应力。

④ 是屋面板的局部压力过大，裂缝多在使用过程中出现。

⑤ 是上弦顶面变截面处应力集中，上弦主筋在端节点锚固不良，裂缝主要出现在预应力钢筋混凝土拱形屋架上。

⑥ 是张拉预应力钢筋时的局部压应力过大。裂缝主要产生在预应力钢筋混凝土拱形屋架和托架上。

(2) 预防上述裂缝的措施是：

① 严格按屋架标准图进行配筋和施工。

② 安装屋架时应保证支点位置准确。

③ 保证混凝土的施工质量。

2）屋架上弦杆裂缝

此裂缝多发生在屋架上弦的顶面，且在预应力混凝土屋架上产生。造成这种裂缝的原因如下：

（1）张拉下弦预应力钢筋时有超张拉现象。

（2）混凝土强度过低。

3）屋架下弦杆纵向裂缝

屋架下弦杆纵向裂缝一般在预应力混凝土屋架中产生。其原因往往是由于拉抽钢筋不当所致，因此多在未张拉预应力钢筋时即已出现。这种裂缝将危及屋架下弦杆的安全，所以应进行加固处理，其方法是在张拉预应力钢筋前，用包型钢法进行加固处理。

4.2 砌体结构裂缝修补

4.2.1 填缝封闭修补法

砖砌体填缝封闭修补的方法通常用于墙体外观维修和裂缝较浅的场合。常用的材料有水泥砂浆、聚合水泥砂浆等。这类硬质填缝材料极限拉伸率很低，如砌体裂缝尚未稳定，修补后可能再次开裂。

这类填缝封闭修补方法的工序为：将裂缝清理干净，用勾缝刀、抹子、刮刀等工具将 1∶3 的水泥砂浆或比砌筑强度高一级的水泥砂浆或掺有 108 胶的聚合水泥砂浆填入砖缝内。

4.2.2 配筋填缝封闭修补法

当裂缝较宽时，可采用配筋水泥砂浆填缝的修补方法，即在与裂缝相交的灰缝中嵌入细钢筋，然后再用水泥砂浆填缝。

这种方法的具体做法是在缝两侧每隔 4～5 皮砖剔凿一道长 800～1000mm、深 30～40mm 的砖缝，埋入一根 φ6mm 钢筋，端部弯成直钩并嵌入砖墙竖缝内，然后用强度等级为 M10 的水泥砂浆嵌填碾实，如图 4-5 所示。

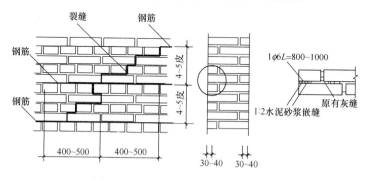

图 4-5　配筋填缝密封修补法（mm）

施工时应注意以下几点：

（1）两面不要剔同一条缝，最好隔两皮砖。

（2）必须处理好一面并等砂浆有一定强度后再施工另一面。

（3）修补前剔开的砖缝要充分浇水湿润，修补后必须浇水养护。

4.2.3　灌浆修补法

当裂缝较细，裂缝数量较多，发展已基本稳定时，可采用灌浆补强方法。它是工程中最常用的裂缝修补方法。

灌浆修补法是利用浆液自身重力或加压设备将含有胶合材料的水泥浆液和化学浆液灌入裂缝内，使裂缝粘合起来的一种修补方法，如图 4-6、图 4-7 所示。这种方法设备简单，施工方便，价格便宜，修补后的砌体可以达到甚至超过原砌体的承载力，裂缝不会在原来位置重复出现。

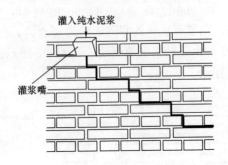

图 4-6　重力灌浆示意图

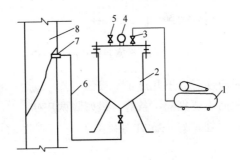

图 4-7　压力灌浆装置示意图

1—空压机；2—压浆罐；3—进气阀；4—压力表；

5—进浆口；6—输送管；7—灌浆嘴；8—墙体

　　灌浆常用的材料有纯水泥浆、水泥砂浆、水玻璃砂浆和水泥灰浆等。在砌体修补中，可用纯水泥浆，因纯水泥浆的可灌性较好，可顺利地灌入贯通外漏的孔隙内，对于宽度为3mm 左右的裂缝可以灌实。若裂缝宽度大于 5mm 时，可采用水泥砂浆。裂缝细小时，可采用压力灌浆。灌浆浆液配合比见表 4-6。

表 4-6　裂缝灌浆浆液配合比

浆别	水泥	水	胶结料	砂
稀浆	1	0.9	0.2（108胶）	
	1	0.9	0.2（二元乳胶）	
	1	0.9	0.01～0.02（水玻璃）	
	1	1.2	0.06（聚醋酸乙烯）	
稠浆	1	0.6	0.2（108胶）	
	1	0.6	0.15（二元乳胶）	
	1	0.7	0.01～0.02（水玻璃）	
	1	0.74	0.055（聚醋酸乙烯）	
砂浆	1	0.6	0.2（108胶）	1
	1	0.6～0.7	0.5（二元乳胶）	1
	1	0.6	0.01～0.02（水玻璃）	1
	1	0.4～0.7	0.06（聚醋酸乙烯）	1

注：稀浆用于 0.3～1mm 的裂缝；稠浆用于 1～5mm 的裂缝；砂浆则适用于宽度大于 5mm 的裂缝。

水泥灌浆浆液中需掺入悬浮型外加剂，以提高水泥的悬浮性，延缓水泥沉淀时间，防止灌浆设备及输送系统堵塞。外加剂一般采用聚乙烯醇或水玻璃或 108 胶。掺入外加剂后，水泥浆液的强度略有提高。掺有 108 胶还可以增强粘结力，但掺量过大，会使灌浆材料的强度降低。

灌浆法修补裂缝的工艺流程如下：

（1）清理裂缝，使裂缝通道贯通，不堵塞。

（2）灌浆嘴布置：在裂缝交叉处和裂缝端部均应设灌浆嘴，布置灌浆嘴间距可按照裂缝宽度大小在 250～500mm 之间选取。厚度大于 360mm 的墙体，应在墙体两面都设灌浆嘴。在墙体面设置灌浆嘴处，应预先钻孔，孔径稍大于灌浆嘴外径，孔深 30~40mm，孔内应冲洗干净，并先用纯水泥浆涂刷，然后用 1:2 水泥砂浆固定灌浆嘴。

（3）用加有促凝剂的 1:2 水泥砂浆嵌缝，以避免灌浆时浆液外溢。嵌缝时应注意将混水砖墙裂缝附近的粉刷层剔除，冲洗干净后，用砂浆嵌缝。

（4）待封闭层砂浆达到一定强度后，先向每个灌浆嘴中灌入适量的水，使灌浆通过畅通。再用 0.2~0.5MPa 的压缩空气检查通道泄漏程度，如泄漏较大，应进行补漏。然后进行压力灌浆，灌浆顺序自上而下，当附近灌浆嘴溢出或进浆嘴不进浆时方可停止灌浆。灌浆压力控制在 0.2MPa 左右，但不宜超过 0.25MPa。发现墙体局部冒浆时，应停灌浆约 15min 或用快硬水泥砂浆临时堵塞，然后再进行灌浆。当向靠近基础或楼板（多孔板）处灌入大量浆液仍未灌满时，应增大浆液浓度或停 1~2h 后再灌。

（5）全部灌完后，停 30min 后再进行第二次补灌，以提高灌浆密实度。

（6）拆除或切除灌浆嘴，表面清理抹平，冲洗设备。

对于水平的通长裂缝，可沿裂缝钻孔，做成销键，以加强两边砌体的共同作用。销键直径为 25mm，间距为 250~300mm，深度可以比墙厚度小 20~25mm。做完销键后再进行灌浆，灌浆方法同上。

4.3 钢结构裂纹修复

4.3.1 施工方法

1）当发现钢结构构件上有裂纹时，应立即在裂纹端点外 0.5t～1.0t（t 为板厚）处钻制"止裂孔"作为应急措施（图 4-8），以防其继续发展，然后再根据裂纹的性质采取修复措施。

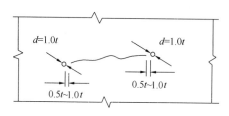

图 4-8　裂纹两端钻制"止裂孔"

2）钢结构、构件裂纹的修复，不论采用对接堵焊法和挖补嵌板法，还是采用附加盖板法进行修复，均须严格按设计、施工图的要求和专门制定的焊接施工技术方案进行施工。

3）裂纹修复工程，当采用焊接方法时，其施工现场气温及天气条件，应符合规范要求。

4.3.2　焊缝补强施工及质量检验

1）当采用堵焊法修复裂纹时，应按下列程序进行：

（1）清洗裂纹两边各 50mm 以上范围内板面油污、尘垢至显露出洁净的金属光泽。

（2）用碳弧气刨、风铲或砂轮将裂纹边缘加工成坡口，并延伸至裂纹端头的钻孔处。坡口的形式应根据板厚和施工条件，按现行国家标准 GB/T 985.1－2008《气焊、焊条电弧焊、气体保护焊和高能束焊的推荐坡口》的规定选用。

（3）将裂纹两侧及端部金属预热至 100～150℃，并在堵焊全过程中保持此温度。

（4）采用与钢材相匹配的低氢型焊条或超低氢型焊条施焊。

（5）宜用小直径焊条以分段分层逆向焊施焊；焊接时应按规定的顺序（图4-9）进行。每一焊道焊完后宜立即进行锤击检查。

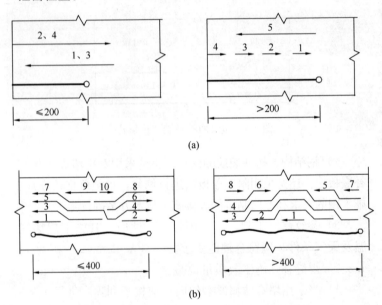

图4-9　堵焊焊道顺序

（a）裂纹由板端开始；（b）裂缝在中部

（6）对承受动力荷载的构件，堵焊后其表面应磨光，使之与原构件表面齐平，磨削痕迹线应大体与裂纹切线方向垂直。

（7）对重要结构或厚板构件，堵焊后应立即进行退火处理。

2）对网状、分叉状裂纹区和有破裂、过烧、烧穿等缺陷的梁、柱腹板部位，宜采用嵌板修补，其程序为：

（1）检查确定缺陷的范围。

（2）将缺陷部位切除，且宜切成带圆角的矩形洞口。切除部分的尺寸应比缺陷界线的尺寸扩大100mm（图4-10）。

（3）用等厚度、同材质的嵌板嵌入切除部位，嵌板的长宽边缘与切除孔间两个边应留有2～4mm的间隙，并将其边缘加工成对接焊缝要求的坡口形式。

（4）嵌板定位后，将孔口四角区域预热至100℃～150℃，并按规定的顺序（图4-10）采用分段分层逆向焊法施焊。

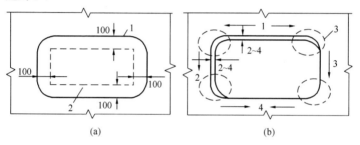

（a） （b）

图4-10 缺陷切除后的修补（mm）

（a）缺陷部位的切除；（b）预热部位及焊接顺序

1—切割线；2—缺陷界线；3—预热部位

3）采用附加盖板修补裂纹时，宜采用双层盖板，其厚度应与原板等厚，此时裂纹两端仍须钻孔。当焊上盖板时，应设法将加固盖板压紧，焊脚尺寸应等于板厚。盖板的焊接也应按规定的顺序（图4-10）执行。若采用高强度螺栓连接应在裂缝每侧布置双排螺栓，其最外一个螺栓应超出裂缝端150mm以上。

4）当吊车梁腹板上部出现裂纹时，应根据检查的情况先采取构造措施（如调整轨道偏心等），再按规范的有关规定修补裂纹。同时，尚应按设计、施工图的规定进行加固。

5）钢结构、构件裂缝修复工程的施工质量检验应符规范规定。

5 结构建筑物抗震加固

5.1 钢筋混凝土结构建筑物抗震加固

5.1.1 钢筋混凝土建筑物抗震加固常用的方法

钢筋混凝土房屋抗震加固常用的方法，见表 5-1。

表 5-1 钢筋混凝土房屋抗震加固常用的方法

序号	加固方法	措　施
1	增强自身加固法	增强自身加固法是为了加强结构构件自身，使其恢复或提高构件的承载能力和抗震能力，主要用于修补震前结构裂缝缺陷和震后出现裂缝的结构构件的修复加固： （1）压力灌注水泥浆加固法：可以用来灌注砖墙裂缝和混凝土构件的裂缝，也可以用来提高砌筑砂浆强度等级不大于 M1（即 10 号砂浆）以下砖墙的抗震承载力。 （2）压力灌注环氧树脂浆加固法：可以用于加固有裂缝的钢筋混凝土构件，最小缝宽可为 0.1mm，最大可达 6mm。裂缝较宽时可在浆液中加入适量水泥，节省环氧树脂用量。 （3）铁钯锯加固法：此法用来加固有裂缝的砖墙。铁钯锯可用 ϕ6 钢筋弯成，其长度应超过裂缝两侧 200mm，两端弯成 100mm 的直钩
2	外包加固法	指在结构构件外面增设加强层，以提高结构构件的抗震承载力、变形能力和整体性。这种加固方法适用于结构构件破坏严重或要求较多地提高抗震承载力，一般做法如下：

序号	加固方法	措　施
		（1）外包钢筋混凝土面层加固法：这是加固钢筋混凝土梁、柱、砖柱、砖墙和筒壁的有效办法。如钢筋混凝土围套、钢筋混凝土板墙等，可以支模板浇筑混凝土或用喷射混凝土加固。尤宜用于湿度高的地区。 （2）钢筋网水泥砂浆面层加固法：此法主要用于加固砖柱、砖墙与砖筒壁，可以不用支模板，铺设钢筋后分层抹灰，比较简便。 （3）水泥砂浆面层加固法：适用于不要过多地提高抗震强度的砖墙加固。 （4）钢构件网笼加固法：适用于加固砖柱、砖烟囱和钢筋混凝土梁、柱及桁架杆件，其优点是施工方便，但须采取防锈措施，在有害气体侵蚀和湿度高的环境中不宜采用
3	增设构件加固法	在原有结构构件以外增设构件是提高结构抗震承载力、变形能力和整体性的有效措施。在进行增设构件的加固设计时，应考虑增设构件对结构计算简图和动力特性的影响： （1）增设墙体加固法：当抗震横墙间距超过规定值或墙体抗震承载力严重不足时，宜采用增设墙体的方法加固。增设的墙体可为钢筋混凝土墙，也可为砌体墙。 （2）增设柱子加固法：设置外加柱可以增加其抗倾覆能力，当抗震墙承载力差值不大，可采用外加钢筋混凝土柱，与圈梁、钢拉杆进行加固。内框架房屋沿外纵墙增设钢筋混凝土外加柱是提高这类结构抗震承载力的一种方法。增设的柱子应与原有圈梁可靠连接。 （3）增设拉杆加固法：此法多用于受弯构件（如梁、桁架、檩条等）的加固和纵横墙连接部位的加固，也可用来代替沿内墙的圈梁。

序号	加固方法	措　施
		（4）增设支撑加固法：增设屋盖支撑、天窗架支撑和柱间支撑，可以提高结构的抗震强度和整体性，并可增加结构受力的赘余度，起二道防线的作用。 （5）增设圈梁加固法：当抗震圈梁设置不符合规定时，可采用钢筋混凝土外加圈梁或板底钢筋混凝土夹内墙圈梁进行加固。沿内墙圈梁可用钢拉杆代替。外墙圈梁沿房屋四周应形成封闭，并与内墙圈梁或钢拉杆共同约束房屋墙体及楼、屋盖构件。 （6）增设支托加固法：当屋盖构件（如檩条、屋面板）的支承长度不足时，宜加支托，以防止构件在地震时坍落。 （7）增设刚架加固法：当原应增设墙体加固时，由于受使用净空要求的限制，也可增设刚度较大的刚架来提高抗震承载力。 （8）增设门窗框加固法：当承重窗间墙宽度过小或能力不满足要求时，可增设钢筋混凝土门框或窗框来加固
4	增强连接加固法	震害调查表明，构件的连接是薄弱环节。针对各结构构件间的连接采用下列各种方法进行加固，能够保证各构件间的抗震承载力，提高变形能力，保障结构的整体稳定性。这种加固方法适用于结构构件承载能力能够满足，但构件间连接差。其他各种加固方法也必须采取措施增强其连接： （1）拉结钢筋加固法：砖墙与钢筋混凝土柱、梁间的连接可增设拉筋加强，一端弯折后锚入墙体的灰缝内，一端用环氧树脂砂浆锚入柱、梁的斜孔中或与锚入柱、梁内的膨胀螺栓焊接。新增外加柱与墙体的连接也可采用拉结钢筋，以加强柱和墙间的连接。

序号	加固方法	措　施
		（2）压浆锚杆加固法：适用于纵横墙间没有咬槎砌筑，连接很差的部位，采用长锚杆，一端嵌入内横墙，另一端嵌固于外纵墙上（或外加柱）。其做法：先钻孔是贯通内外墙，嵌入锚杆后，用水玻璃砂浆压灌。 （3）钢夹套加固法：适用于隔墙与顶板和梁连接不良时，可采用镶边型钢夹套上与板底连接并夹住砖墙或在砖墙顶与梁间增设钢夹套，以防止砖墙平面外倒塌。 （4）综合加固：也可增强连接。如外包法中的钢构套加固法，把梁和柱间的节点用钢构件网笼以增强连接。又如增设构件加固法的钢拉杆可以代替压浆锚杆，也对砖墙平面外倒塌起约束作用；增设圈梁可以增强山墙与纵墙连接；增设支托可增强支承连接
5	替换构件加固法	对原有强度低、韧性差的构件用强度高、韧性好的材料来替换。替换后须做好与原构件的连接。通常采用如下方法： （1）钢筋混凝土替换砖，如钢筋混凝土柱替换砖柱，钢筋混凝土墙替换砖墙。 （2）钢构件替换木构件
6	隔震和消能减震加固法	这种加固法尤其适用于重要的公共建筑及文博建筑等，如办公楼、博物馆、学校等。由于它对减少地震力的传递起到很好的作用，从而减轻地震对建（构）筑物的破坏，又可保持建（构）筑物的原貌，施工干扰也小，已经引起国内外的重视
7	多层钢筋混凝土房屋加固方法	1）房屋抗震承载力不满足要求时，可选择下列加固方法： （1）单向框架应加固为双向框架，或采取加强楼、屋盖整体性且同时增设抗震墙、抗震支撑等抗侧力构件的措施。

序号	加固方法	措　施
		（2）框架梁柱配筋不符合鉴定要求时，可采用钢构套、现浇钢筋混凝土套或粘贴钢板加固。
		（3）房屋刚度较弱、明显不均匀或有明显的扭转效应时，可增设钢筋混凝土抗震墙或翼墙加固。
		2）钢筋混凝土构件有局部损伤时，可采用细石混凝土修复；出现裂缝时，可灌注环氧树脂浆等补强。
		3）墙体与框架柱连接不良时，可增设拉筋连接；墙体与框架梁连接不良时，可在墙顶增设钢夹套与梁拉结。
		4）女儿墙等易倒塌部位不符合鉴定要求时，可按有关规定选择加固方法

5.1.2　钢筋混凝土结构建筑物抗震加固

1. 增设抗震墙或翼墙

1）增设钢筋混凝土抗震墙或翼墙加固房屋时，应符合下列要求：

（1）混凝土强度等级不应低于 C20，且不应低于原框架柱的实际混凝土强度等级。

（2）墙厚不应小于 140mm，竖向和横向分布钢筋的最小配筋率，均不应小于 0.20%。对于 B、C 类钢筋混凝土房屋，其墙厚和配筋应符合其抗震等级的相应要求。

（3）增设抗震墙后应按框架-抗震墙结构进行抗震分析，增设的混凝土和钢筋的强度均应乘以规定的折减系数。加固后抗震墙之间楼、屋盖长宽比的局部影响系数应作相应改变。

2）增设钢筋混凝土抗震墙或翼墙的砌体构造应符合下列要求：

（1）墙体的竖向和横向分布钢筋应双排布置，且两排钢筋之间的拉结筋间不应大于600mm；墙体周边宜设置边缘构件。

（2）墙与原有框架可采用锚筋或现浇钢筋混凝土套连接（图5-1）；锚筋可采用 $\phi10$ 或 $\phi12$ 的钢筋，与梁柱边的距离不应小于30mm，与梁柱轴线的间距不应大于300mm，钢筋的一端应采用胶粘剂锚入梁柱的钻孔内，且埋深不应小于锚筋直径的10倍，另一端应与墙体的分布钢筋焊接；现浇钢筋混凝土套与柱的连接应符合 JGJ 116—2009《建筑抗震加固技术规程》第 6.3.7 条的有关规定，且厚度不应小于50mm。

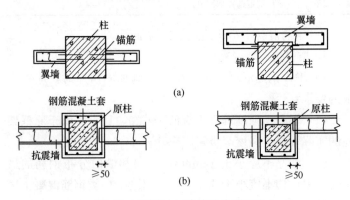

图 5-1　增设墙与原框架柱的连接

（a）锚筋连接；（b）钢筋混凝土套连接

3）抗震墙和翼墙的施工应符合下列要求：

（1）原有的梁柱表面应凿毛，浇筑混凝土前应清洗并保持湿润，浇筑后应加强养护。

（2）锚筋应除锈，锚孔应采用钻孔成形，不得用手凿，孔内应采用压缩空气吹净并用水冲洗，注胶应饱满并使锚筋固定牢靠。

2. 钢构套加固

1）采用钢构套加固框架时，应符合下列要求：

（1）钢构套加固梁时，纵向角钢、扁钢两端应与柱有可靠连接。

（2）钢构套加固柱时，应采取措施使楼板上下的角钢、扁钢可靠连接；顶层的角钢、扁钢应与屋面板可靠连接；底层的角钢、扁钢应与基础锚固。

（3）加固后梁、柱截面抗震验算时，角钢和扁钢应作为纵向钢筋、钢缀板应作为箍筋进行计算，其材料强度应乘以规定的折减系数。

2）采用钢构套加固框架的构造应符合下列要求：

（1）钢构套加固梁时，应在梁的阳角外贴角钢，如图5-2（a）所示，角钢应与钢缀板焊接，钢缀板应穿过楼板形成封闭环形。

（2）钢构套加固柱时，应在柱四角外贴角钢，如图5-2（b）所示，角钢应与外围的钢缀板焊接。

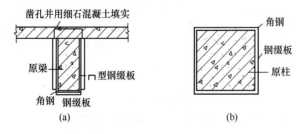

图 5-2　钢构套加固示意图

（a）加固梁；（b）加固柱

（3）角钢不宜小于 L50×6；钢缀板截面不宜小于40mm×4mm，其间距不应大于单肢角钢的截面最小回转半径的 40 倍，且不应大于 400mm，构件两端应适当加密。

（4）钢构套与梁柱混凝土之间应采用胶粘剂粘结。

3）钢构套的施工应符合下列要求：

（1）加固前应卸除或大部分卸除作用在梁上的活荷载。

（2）原有的梁柱表面应清洗干净，缺陷应修补，角部应磨出小圆角。

（3）楼板凿洞时，应避免损伤原有钢筋。

（4）构架的角钢应采用夹具在两个方向夹紧，缀板应分段焊接。注胶应在构架焊接完成后进行，胶缝厚度宜控制在 3～5mm。

（5）钢材表面应涂刷防锈漆，或在构架外围抹 25mm 厚的 1：3 水泥砂浆保护层，也可采用其他具有防腐蚀和防火性能的饰面材料加以保护。

3. 钢绞线网-聚合物砂浆面层加固

1）钢绞线网-聚合物砂浆面层加固梁柱的构造，应符合下列要求：

（1）当提高梁的受弯承载力时，钢绞线网应设在梁顶面或底面受拉区（图 5-3）；当提高梁的受剪承载力时，钢绞线网应采用三面围套或四面围套的方式（图 5-4）；当提高柱受剪承载力时，钢绞线网应采用四面围套的方式（图 5-5）。

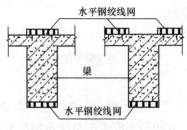

图 5-3　梁受弯加固

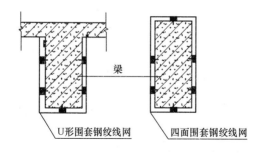

梁

U形围套钢绞线网   四面围套钢绞线网

图 5-4 梁受剪加固

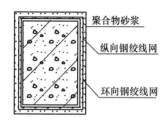

聚合物砂浆

纵向钢绞线网

环向钢绞线网

图 5-5 柱受剪加固

（2）面层的厚度应大于 25mm，钢绞线保护层厚度不应小于 15mm。

（3）钢绞线网应设计成仅承受单向拉力作用，其受力钢绞线的间距不应小于 20mm，也不应大于 40mm；分布钢绞线不应考虑其受力作用，间距在 200～500mm。

（4）钢绞线网应采用专用金属胀栓固定在构件上，端部胀栓应错开布置，中部胀栓应交错布置，且间距不宜大于 300mm。

2）钢绞线网-聚合物砂浆面层的施工应符合下列要求：

（1）加固前应卸除或大部分卸除作用在梁上的活荷载。

（2）加固的施工顺序和主要注意事项可按 GB 50367—

2006《混凝土结构加固设计规范》的规定执行。

（3）加固时应清除原有抹灰等装修面层，处理至裸露原混凝土结构的坚实面缺陷应涂刷界面剂后用聚合物砂浆修补，基层处理的边缘应比设计抹灰尺寸外扩 50mm。

（4）界面剂喷涂施工应与聚合物砂浆抹面施工段配合进行，界面剂应随时搅拌，分布应均匀，不得遗漏被钢绞线网遮挡的基层。

4. 增设钢支撑加固

1）采用钢支撑加固框架结构时，应符合下列要求：

（1）支撑的布置应有利于减少结构沿平面或竖向的不规则性；支撑的间距不应超过框架-抗震墙结构中墙体最大间距的规定。

（2）支撑的形式可选择交叉形或人字形，支撑的水平夹角不宜大于 55°。

（3）支撑杆件的长细比和板件的宽厚比，应依据设防烈度的不同，按现行国家标准 GB 50011—2010《建筑抗震设计规范》的钢结构设计的有关规定采用。

（4）支撑可采用钢箍套与原有钢筋混凝土构件可靠连接，并应采取措施将支撑的地震内力可靠地传递到基础。

（5）新增钢支撑可采用两端铰接的计算简图，且只承担地震作用。

（6）钢支撑应采取防腐、防火措施。

2）采用消能支撑加固框架结构时，应符合下列要求：

（1）消能支撑可根据需要沿结构的两个主轴方向分别设置。消能支撑宜设置在变形较大的位置，其数量和分布应通过综合分析合理确定，并有利于提高整个结构的消能减震能力，形成均匀合理的受力体系。

（2）采用消能支撑加固框架结构时，结构抗震验算应符合现行国家标准 GB 50011—2010《建筑抗震设计规范》的相关要求。其中，对 A、B 类钢筋混凝土结构，原构件的材料强度设计值和抗震承载力，应按现行国家标准 GB 50023—2009《建筑抗震鉴定标准》的有关规定采用。

（3）消能支撑与主体结构之间的连接部件，在消能支撑最大出力作用下，应在弹性范围内工作，避免整体或局部失稳。

（4）消能支撑与主体结构的连接，应符合普通支撑构件与主体结构的连接构造和锚固要求。

（5）消能支撑在安装前应按规定进行性能检测，检测的数量应符合相关标准的要求。

5. 填充墙加固

砌体墙与框架连接的加固应符合下列要求：

（1）墙与柱的连接可增设拉筋加强，如图 5-6（a）所示。拉筋直径可采用 6mm，其长度不应小于 600mm，沿柱高的间距不宜大于 600mm，8、9 度时或墙高大于 4m 时，墙半高的拉筋应贯通墙体；拉筋的一端应采用胶粘剂

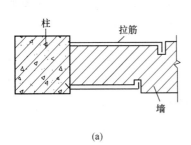

（a）

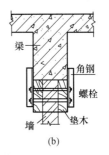

（b）

图 5-6　砌体墙与框架的连接

（a）拉筋连接；（b）钢夹套连接

锚入柱的斜孔内，或与锚入柱内的锚栓焊接；拉筋的另一端弯折后锚入墙体的灰缝内，并用 1：3 水泥砂浆将墙面抹平。

（2）墙与梁的连接，可按上述（1）的方法增设拉筋加强墙与梁的连接；亦可采用墙顶增设钢夹套加强墙与梁的连接，如图 5-6（b）所示；墙长超过层高 2 倍时，在中部宜增设上下拉接的措施。钢夹套的角钢不应小于 L63×6，螺栓不宜少于 2 根，其直径不应小于 12mm，沿梁轴线方向的间距不宜大于 1.0m。

（3）加固后按楼层综合抗震能力指数验算时，墙体连接的局部影响系数可取 1.0。

（4）拉筋的锚孔和螺栓孔应采用钻孔成形，不得用手凿；钢夹套的钢材表面应涂刷防锈漆。

5.2 砖砌体结构建筑物抗震加固

1. 砖房水泥砂浆或钢筋网水泥砂浆面层抗震加固

当砖房的抗震墙承载力不足时，可采用水泥砂浆抹面或配有钢筋网片的水泥砂浆抹面层进行加固（这一方法通常称为夹板墙加固法）。这一方法目前被广泛应用于砖墙的加固，同时在砖烟囱和水塔的筒壁加固中亦得到应用。对一些低烈度区的空旷房屋、砖柱厂房以及内框架房屋中的砖壁柱亦可采用这种方法加固。砂浆抹面或钢筋网砂浆抹面加固墙体时，采用的砂浆强度等级一般以 M7.5～M15 为宜，砂浆厚度不宜小于 20mm，钢筋网间距根据计算要求可采用 150～400mm，钢筋直径可采用 $\phi 4 \sim \phi 6$mm（图 5-7～图 5-10）。

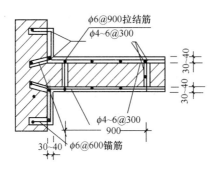

图 5-7 横墙双面加面层

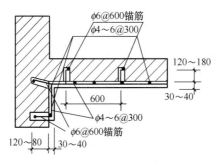

图 5-8 横墙单面加面层

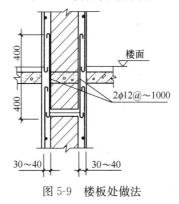

图 5-9 楼板处做法

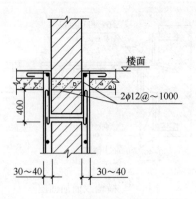

图 5-10　上层墙不加固时楼板处做法

2. 砖房混凝土板墙抗震加固

砖房的混凝土板墙加固方法类似于钢筋网水泥面层加固，具有较大的灵活性。首先，可根据结构综合抗震能力指数提高程度的不同，增设不同数量的混凝土板墙。板墙可设置为单面或双面，甚至可在楼梯间部位设置封闭的板墙，形成混凝土筒。其次，采用混凝土板墙加固时，可根据业主的意图采用"内加固"或"外加固"方案。当希望保持原有建筑风貌时，可采用"内加固"方案；当需结合抗震加固进行外立面装修时，则可采用以"外加固"为主的方案。

采用混凝土板墙加固可更好地提高砖墙的承载能力，控制墙体裂缝的开展。此外，在板墙四周采用集中配筋形式取代外加柱、圈梁和钢拉杆，可以提高墙体的延性和变形能力。这种处理方法对建筑外观和内部使用的影响很小。

3. 多层砖房外加钢筋混凝土柱抗震加固

采用钢筋混凝土柱连同圈梁和钢拉杆一起加固砖房。试验研究表明：外加柱加固墙体后对墙体的抗剪承载力有一定提高，尤其推迟了墙体裂缝的出现；能提高墙体的延性和变形能力，对防止结构发生突然倒塌有良好效果。因此，采用钢筋混凝土外加构造柱这一加固系统加固砖房是一种比较简单易行而有效的方法，这种方法至今仍被普遍采用，它适合于房屋抗震承载力与抗震要求相差在 20% 以内以及整体连接较差房屋的加固。

1）外加构造柱设置要求

（1）外加构造柱应在房屋四角、楼梯间和不规则平面转角处设置，并可根据房屋状况在内墙交接处每开间或隔开间布置。

（2）外加构造柱在平面内宜对称，沿高度不得错位，由底层起全部贯通。

（3）外加构造柱应与圈梁、钢拉杆连成封闭系统。

（4）采用外加构造柱增强墙体的抗震能力时，钢拉杆不宜小于 2ϕ16。在圈梁内的锚固长度应满足受拉钢筋的要求。

（5）内廊房屋的内廊在外加构造柱轴线处无连系梁时，应在内廊两侧的内纵墙增设柱或增设连系梁。

2）材料与构造

（1）柱的混凝土强度不应低于 C20。

（2）柱截面如图 5-11 所示，一般为 300mm×150mm 或 240mm×180mm［图 5-11(a)］，扁柱及 L 形柱如图 5-11(b) 和图 5-11(c) 所示。

（3）柱纵向筋不宜小于 4ϕ12，L 形柱纵向筋宜为 12ϕ12，在楼、屋盖上下各 500mm 高度内箍筋应加密，间距不应大于 100mm。

（4）外加柱与墙体连接，可在楼层 1/3 和 2/3 处同时设置拉结钢筋和销键，也可沿墙高每 500mm 设置胀管螺栓、

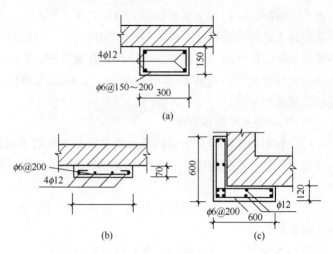

图 5-11　外加柱截面

压浆锚杆或锚筋。

（5）外加柱应做基础，一般埋深宜与外墙基础埋深相同。当埋深超过 1.5m 时可采用 1.5m 的埋深（图 5-12），但不得浅于冻结深度。

4. 多层砖房外加圈梁及钢拉杆抗震加固

圈梁是保证多层砖房整体性的重要措施。当同时采用外包柱时，亦可提高房屋的抗震承载力。抗震加固时对外加圈梁及拉杆的要求如下。

1）圈梁的布置、材料和构造

（1）圈梁布置与抗震设计要求相同，如增设的圈梁宜在楼、屋盖标高的同一平面内闭合，对于圈梁标高变化处应采取局部加强措施。

（2）圈梁混凝土强度等级不应小于 C20，其截面不应小于 180mm×120mm。

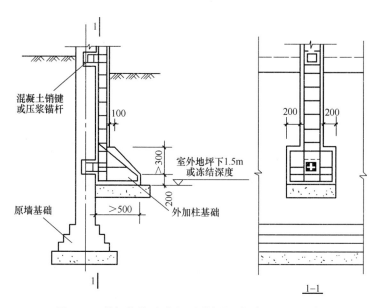

图 5-12　外加柱基础示意（原墙基埋深大于 1.5m 时）

（3）圈梁配筋要求：7 度区可用 4ϕ8，8 度区用 4ϕ10，箍筋间距不应大于 200mm。

2）圈梁与墙体连接

圈梁与墙体连接的好坏是影响圈梁能否发挥作用的关键。外加钢筋混凝土圈梁与砖墙的连接应优先采用普通锚栓（图 5-13）或砂浆锚栓（图 5-14），亦可选用胀管螺栓或钢筋混凝土销键。普通锚栓的一端应做成直角弯钩埋入圈梁，另一端用螺帽拧紧；砂浆锚筋布置与钢拉杆的间距和直径有关。一般从距离拉杆 500mm 处开始设置，锚筋埋深 $l_m = 10d$，孔深 $l_k = l_m + 10mm$；胀管螺栓的安装过程如图 5-15 所示。

3）钢拉杆

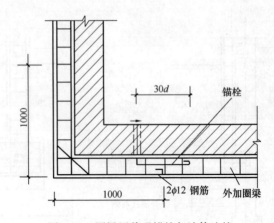

图 5-13 圈梁用普通锚栓与墙体连接

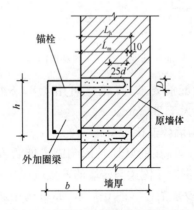

图 5-14 圈梁用砂浆锚栓与墙体连接

（1）布置。代替内墙圈梁的钢拉杆，当每开间有横墙时至少每隔一开间设 $2\phi12$；当多开间有横墙时在横墙处至少设 $2\phi14$。沿内纵墙端部布置的纵向拉杆，其长度不得少于两个开间。

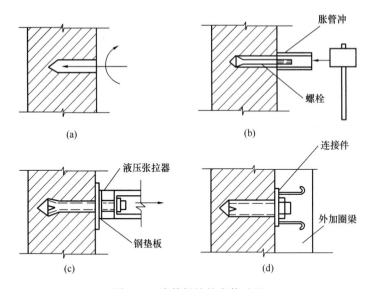

图 5-15　胀管螺栓的安装过程

（a）钻孔；（b）安装螺栓；（c）张拉螺栓；（d）安装连接件

（2）锚固。沿横墙布置的钢拉杆，两端应锚入外加柱、圈梁内或与原墙体锚固，对于有外廊房屋，应锚固在外廊内纵墙上。若钢拉杆在增设的圈梁内锚固，则采用长度不小于 35d 的弯钩（d 为钢拉杆直径）；亦可加设 80mm×80mm×8mm 的垫板，垫板与墙面的间隙不应小于 50mm。

（3）钢拉杆与原墙体锚固的钢垫板尺寸、钢拉杆的直径应按现行行业标准（JGJ 116）《建筑抗震加固技术规程》中的有关要求设置。

主要参考文献

[1] 住房城乡建设部. 建筑结构加固工程施工质量验收规范：GB 50550—2010[S]. 北京：中国建筑工业出版社，2011.

[2] 程选生，刘彦辉，宋术双. 建筑工程加固技术实例教程[M]. 北京：机械工业出版社，2012.

[3] 陈凤山. 实用混凝土结构加固技术[M]. 北京：化学工业出版社，2013.

[4] 国家工业建筑诊断与改造工程技术研究中心. 碳纤维片材加固混凝土结构技术规程 CECS 146：2003 [M]. 北京：中国计划出版社，2007.

[5] 王云江. 建筑结构加固实用技术[M]. 北京：中国建材工业出版社，2016.